潘安湖
采煤塌陷地湿地公园
建设实践与探索

王毓银 ◎ 著

中国林业出版社
China Forestry Publishing House

图书在版编目(CIP)数据

潘安湖采煤塌陷地湿地公园建设实践与探索 / 王毓银著. -- 北京：中国林业出版社，2020.9
　　ISBN 978-7-5219-0785-8

Ⅰ.①潘… Ⅱ.①王… Ⅲ.①煤矿开采—地表塌陷—沼泽化地—公园—研究—徐州 Ⅳ.①Q948.525.33

中国版本图书馆CIP数据核字(2020)第174233号

◆　◆　◆　◆

责任编辑：	何增明　王　全
出版	中国林业出版社（100009　北京市西城区刘海胡同7号）
	http://www.forestry.gov.cn/lycb.html　电话：(010) 83143517
发行	中国林业出版社
印刷	北京博海升彩色印刷有限公司
版次	2020年10月第1版
印次	2020年10月第1次印刷
开本	787mm×1092mm　1/16
印张	8.5
字数	206千字
定价	90.00元

往昔子巴塌陷地今朝一湖天堂水

丁酉年壬子月癸酉日日近乎总书记莅临潘安湖视察赞曰贾汪真旺

前言

2017年12月12日，习近平总书记在十九大胜利召开后首次地方考察，现场查看了解潘安湖采煤塌陷地生态修复发展情况后，夸赞潘安湖转型实践做得好，指出："只有恢复绿水青山，才能使绿水青山变成金山银山！"这一重要指示，不仅为潘安湖湿地生态保护和修复提供了理论指引，也让潘安湖生态经济区建设发展蓝图更加清晰可触。殷殷嘱托，如高擎火炬，照亮潘安湖前行道路，汇聚成昂扬奋斗的新时代旋律。

在中共徐州市委市政府、贾汪区委区政府和国家、省、市、区4级发改、国土、农业、林业、园林、建设、旅游等部门的领导与支持下，在各规划设计、工程施工单位的通力配合下，潘安湖采煤塌陷地湿地公园的建设，历时5年，取得预期成功！作为原徐州市潘安湖风景区管理处处长、贾汪区潘安湖街道工作委员会党工委书记，从项目论证、规划、设计、建设和开园运营管理，全过程参与其中，亲历和见证了潘安湖从无到有，从无名到闻名全国，从"灰色印象"到"绿色生态主题"，从坑塘遍布、荒草丛生、生态环境恶劣的采煤塌陷地，到风景如画的国家生态湿地公园和国家4A景区的华丽蝶变。在此，对关心和支持潘安湖采煤塌陷地湿地公园建设的各级领导和专家致以崇高的敬意！对帮助和支持本人工作的全体朋友和同事致以衷心的感谢！

岁月倥偬，在潘安湖生态经济区开工建设10年之际，作为一名曾经工作在建设一线的老兵，今将工作期间的笔记、会议发言、工作谈话、相关文章等进行选编整理，一是以为纪念；二是希望在规划建设过程中积累的点滴经验，能够让全国类似采煤塌陷区开展生态修复与产业转型工作有所参考，希望各地采煤塌陷区人民生活日渐美好！全书共分3篇9章：序篇从采煤塌陷地到全国生态修复样板，对潘安湖采煤塌陷地湿地公园的前世今生进行了概括总结。上篇包括第一章高点谋划塌陷区生态修复目标、第二章系统规划塌陷地生态景观、第三章加强关键技术集成、第四章筑梦于传统的建筑与设施建造、第五章基于地域的景区文化塑造与旅游业，详细总结和介绍了潘安湖采煤塌陷地湿地公园规划中理念、思路的产生、形成与提升过程，工程建设关键技术和产业发展中的关键措施。下篇包括第六章工程推进与现场管理、第七章团队建设与激励、第八章体制机制创新与突破和第九章一树百获开新章，详细总结和介绍了建设过程中管理体制、机制和方法的创新做法，和项目实施的经济与社会效果。由于能力所限，不确之处，诚望读者斧正之。

作 者
2020年5月

目 录
CONTENTS

前言
序篇　从采煤塌陷地到全国生态修复样板　/008

上篇　规划建设　/ 013

第一章　高点谋划塌陷区生态修复目标　/ 014
　　第一节　建设背景　/014
　　第二节　决策者的雄心和智慧　/015
　　第三节　谋篇布局绘蓝图　/018
　　第四节　打造最美的乡村湿地　/020

第二章　系统规划塌陷地生态景观　/ 024
　　第一节　理念与目标　/024
　　第二节　规划设计　/029

第三章　加强关键技术集成　/ 039
　　第一节　土地整治与地貌重塑　/039
　　第二节　湿地水生态系统重构　/041
　　第三节　植被生态系统修复　/044

第四章　筑梦于传统的建筑与设施建造　/ 062
　　第一节　功能性建筑对湿地景观点缀塑造　/062
　　第二节　湿地景观小品点睛之妙　/064
　　第三节　公共基础设施交叉施工管控　/066
　　第四节　重视营造良好的外部环境　/069

第五章　基于地域的园区文化塑造与旅游业　/ 071
　　第一节　名正事成——潘安湖由来　/071

  第二节 以地域特色文化塑造园区灵魂 / 072
  第三节 特色旅游业大有作为 / 073
  第四节 旅游业策划源于景观和文化资源 / 076

下篇 建设管理 / 079

第六章 工程推进与现场管理 / 080
  第一节 握牢前期准备工作抓手 / 080
  第二节 抢先起步，快速入场 / 083
  第三节 善干者，一定是善谋之人 / 085
  第四节 提高科学施工能力 / 090
  第五节 把握好施工管理 / 095
  第六节 统筹协作是工作的法宝 / 098
  第七节 向开园迎客全力冲刺 / 099

第七章 团队建设与激励 / 107
  第一节 建设一支特别能战斗的团队 / 107
  第二节 正向激励始终保持团队战斗力 / 112

第八章 体制机制创新与突破 / 116
  第一节 在艰苦创业中寻出路 / 116
  第二节 突破建设资金瓶颈 / 121
  第三节 区域经济发展与社会综合治理 / 125

第九章 一树百获开新章 / 131
  第一节 生态修复与景观再造效益 / 131
  第二节 实现区域经济发展 / 133

Ⅰ 序 篇

从采煤塌陷地到全国生态修复样板
——潘安湖采煤塌陷地湿地公园的前世今生

> 漫步在
> 潘安湖采煤塌陷地湿地公园，
> 眼前，是一湖碧水，
> 鱼翔浅底，水鸟鸿俦；
> 稍远，是芦蒲婀娜、
> 水佩风裳、杉林挺秀；
> 再远，是树木婆娑，
> 鸟语花香，青山连绵
> ……

  花儿没办法行走，可它的芬芳和美丽却引得蝴蝶、蜜蜂跋山涉水，大自然的智慧，丝毫不比人类逊色。清风拂过，送来自然的味道，湖面泛着粼粼的波光。找一片空地，对着蓝天白云躺下，闭上双眼，任阳光洒满全身，尽情张开鼻翼，吸吮着一尘不染的芳馥，拂平那皱皱的心田。在这鸟鸣林幽、香雾空蒙的诗境中，你是唯一的主人。

  湖水越来越清，空气越来越好，鸟儿越来越多。家住潘安湖边的孟大爷说，以前这里根本不能叫湖，就是几个大小水塘，杂草遍地，不能住人，不能种庄稼，晴时满天黑灰臭气、雨来遍地污泥浊水，不堪入目的塌陷地，怎么也想不到会变成今天这般模样！曾经人们都想搬离的荒凉之地，如今已成令人向往的大美生态休闲佳境。

○ 前世——城市的"伤疤"

煤炭，是中华民族最古老、也是最重要的能源之一。据史籍记载，早在春秋战国时期，人们就认识并利用煤炭；到了汉代，在用于日常生活的同时，开始逐步取代薪柴（木炭）用煤冶铁。徐州自北宋时期发现煤炭资源并用之于人们的生活和冶铁，自此起千百年来，特别是近几十年来，煤炭为经济发展和人民生活发挥并还继续发挥重大作用。但是，长期的煤炭开采，也给矿区留下了发展之痛。潘安湖就是这种"痛点"之一。

潘安湖位于徐州市主城区和贾汪区政府驻地的中央，原为权台煤矿和旗山煤矿的采煤塌陷区。

煤矿采空区土地不均匀塌陷下沉，形成了众多分布不均的低洼地，原有土地面貌和农田、森林植被等生态系统被严重破坏，致使良田废弃、民房开裂、交通中断、村庄迁移。

报废矿井废水含有大量悬浮物和污染物质，导致地下水和土壤质量下降；废弃煤矸石以及粉煤灰造成扬尘污染，并释放 SO_2 等有害气体，在雨水冲淋下释放出铅、氟等重金属元素污染沟河、土壤和地下水。

○ 奋进——蝶变之路

群众的期盼，发展的需要，采煤塌陷地治理成为资源枯竭型矿区转型发展不得不面临的新考验。为改善采煤塌陷区群众生产生活条件，提升城市生态环境，贾汪区和徐州市将建设潘安湖生态经济区作为振兴老工业基地的重要内容，以"山水林田湖草是一个生命共同体"的重要理念，着力打造采煤塌陷区生态修复治理新标杆，一组时间轴，展现了她的美丽蝶变之路：

2010年，实施潘安采煤塌陷地综合整治项目，整治面积1160hm^2。

2011年，实施潘安湖采煤塌陷地湿地公园建设一期项目。

2012年9月29日，一期500hm^{2}的湿地公园建成开园，形成了353hm^{2}湖面湿地的生态格局。

2013年，实施二期工程255hm^{2}南湖园区建设。

经过两期工程建设，目前的潘安湖采煤塌陷地湿地公园形成了湿地科普展示景观区、入口及湿地主题景观区、湿地娱乐景观区、潘安文化形象展示区、乡居度假区等功能区，拥有水域面积473hm^2，成功构造哈尼岛、琵琶岛、蝴蝶岛等大小19个湿地岛屿。园内栽植乔木16万棵，花卉、水生植物300多种。有栖息着数十种珍贵鸟类的鸟岛，有以种植枇杷、柿子树为主的琵琶岛，有集合垂钓、大锅灶农家乐的蝴蝶岛等，各具特色。湖区水域平均水深4m，水质达到国家二级饮用水标准，是徐州市乃至黄淮海平原低湿地区的重要水质净化器，是国际濒危鸟类重要的繁殖地及越冬地，对实现区域生态功能恢复、改善区域生态环境质量发挥着重要的作用。

"南有云龙湖，北有潘安湖"的徐州城市生态发展格局就此实现。

曾经的采煤塌陷地如今变身国家湿地公园、4A级旅游景区。在生态、经济和社会等方面均取得显著的成效，初步形成了潘安湖特色的"湿地保护、生态修复、科普宣教、合理利用"的发展模式。

如今，潘安湖旁，一座新城正在崛起。

潘安湖周边总体规划为潘安新城，包括潘安湖科教创新区。恒大潘安湖生态小镇（规划常住人口10万）+潘安湖科教创新区（规划常住人口10万）+权台煤矿+马庄村，整个潘安湖区域，规划总人口将达到30万人以上。

作为潘安湖科教创新区的重要组成部分，江苏师范大学科文学院、徐州生物工程职业技术学院、徐州幼儿师范高等专科学校新校区均已落户于此。潘安湖恒盛智谷科技园、星光科技文化产业园等高端科教产业，更是为这一个板块聚集了徐州市最优越的人才与产业资源。

科文学院潘安湖校区总占地面积87hm^2，总建筑面积约51万m^2，2017年开工建设。徐州幼师新校区位于科文学院西南，总占地61hm^2，总建筑面积30.44万m^2，2019年动工建设。徐州生物工程职业技术学院校区进入规划。

建设中的恒大潘安湖生态小镇项目总建筑面积约612万m^2，其中商业约80万m^2，教育配套约12万m^2，住宅套数约5万户，丰富的产品类型，涵盖衣食住行游乐购等方面，将成为集宜居、旅游、文化、健康、养生于一体的徐州"城市名片"。

○ 今生——全国的样板

"只有恢复了绿水青山，才能使绿水青山变成金山银山。"推进采煤塌陷地生态修复，建设潘安湖生态经济区，使采煤塌陷地变"废"为"宝"，变"包袱"为"资源"，城乡面貌实现了由"灰色印象"向"绿色主题"的转变，极大地改善了贾汪区乃至徐州市的生态环境，是"两山理论"的实践标杆，人与自然和谐共生的榜样。为全国资源枯竭型城市生态修复和转型发展提供了可复制的"徐州经验"，得到了塌陷区人民和习近平总书记的高度评价。

2013年11月，潘安湖水利风景区被水利部评为第十三批国家水利风景区。

2013年12月，被国家林业局批准为国家湿地公园（试点）。

2014年6月，潘安湖采煤塌陷地湿地公园被评为国家AAAA级旅游景区。

2017年1月，国家旅游局和环保部拟认定潘安湖湿地为国家生态旅游示范区。

2012年台湾著名作家张晓风女士畅游潘安湖，以哲人的语气评价道："一潭碧水，用人工的方法，补救了另外一次人工的失误。"

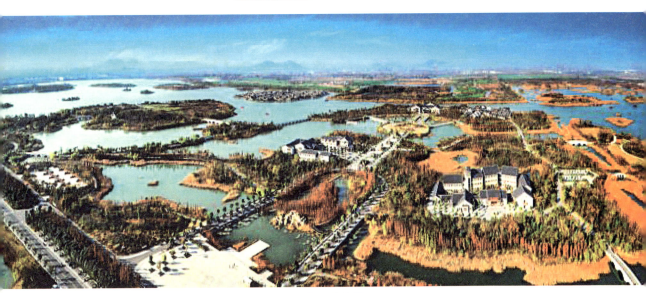

▲ 秋到潘安湖

上篇

规划建设

第一章
高点谋划塌陷区生态修复目标

第一节 建设背景

潘安湖生态经济区位于徐州市东北郊、贾汪区西南部,距离徐州主城区、贾汪城区均为18km。东侧是徐贾快速通道,直达高铁徐州东站区,距离仅10km;南侧紧临310国道(沿310国道东行2km驶入206国道、西行9km驶入104国道);西侧是京福高速,区位交通优势明显。往南接京杭大运河,北部与屯头河相邻,屯头河又自西向东环绕湖区先后流入不牢河及京杭大运河,使湖区区域水系能与外部永久性水源保持联系,能有效提升湖区水质,形成生态湿地天然水环境优势。

潘安湖生态经济区原址为徐矿集团权台煤矿等采煤塌陷区,是徐州市最大的集中采煤塌陷区,面积达1160hm²,区内积水面积240hm²,平均深度4m以上,是采煤塌陷最严重、面积最集中的地区。长期以来,该区域坑塘遍布,荒草丛生,生态环境恶劣,又由于村庄塌陷,当地群众相继搬迁,绝大部分片区是无人居住区。

▲ 潘安湖采煤塌陷区原貌

自2008年以来，江苏省委省政府作出振兴徐州老工业基地重大决策，治理采煤塌陷地、搬迁采煤塌陷区村庄、改造棚户区是解决历史遗留问题的"三件大事"，其中治理采煤塌陷地是主要任务之一。贾汪区为徐州煤炭工业发源地，煤炭开采史长达120余年，煤炭资源已近枯竭，遗留下总面积8880hm²的采煤塌陷地。因此，高度重视采煤塌陷地治理工作，从改善群众生产生活环境出发，亟需综合治理和开发潘安湖采煤塌陷区。在市委、市政府全力支持扶持下，市国土资源局等相关部门积极帮助潘安湖采煤塌陷区进行立项，使潘安湖采煤塌陷地治理和开发利用迎来了前所未有的历史发展机遇。

第二节　决策者的雄心和智慧

潘安湖生态经济区建设，初始起于2010年2月开工建设的潘安湖采煤塌陷区综合整治项目。潘安湖采煤塌陷区综合整治项目从申报到正式批准，首次引进以政府为法人、专家和设计企业为依托的"政府+企业"项目申报模式。项目前期勘测、设计、申报、论证等各个环节均有企业参与，前期一切费用和风险由申报企业独自承担，项目申报成功后再按资金批复文件和预算文本规定支付相关费用，减轻了政府申报项目的压力，提高了参与企业的积极性和工作效率。

▲　潘安采煤塌陷区综合整治规划

项目申报实现"两个首创"：一是在全国首创以"综合整治"项目进行土地开发整理立项，打破了财政资金科目的限制，实现不同科目的综合使用；二是在全省首创根据项目可行性研究和规划设计概算来确定投资盘子。项目总投资2.01亿元（其中省以上投资1.71亿

▲ 潘安采煤塌陷区综合整治评审会

▲ 潘安采煤塌陷地初始整治目标

元），投资强度、建设标准和建设规模达到全国之最。

潘安湖采煤塌陷区综合整治项目，最终能够得到省里立项批准，并成为建国以来单位投资最大的采煤塌陷地治理项目。在这一过程中，贾汪区各级相关领导干部从思想认识到实践也经历了由简单到复杂，由初级到高级的过程。最初的目标是治理塌陷土地，因地制宜恢复土地利用功能，增加耕地面积，提高耕地质量，改善项目区的农业生产条件和生态环境，提高土地综合利用效益，促进农业经济的发展和农民收入的提高。

随着项目的推行，逐渐发现，面对塌陷区的种种经济社会问题，简单地实施土地复垦利用，不能满足贾汪区"加快融入主城区，建设徐州副中心"和"全面建成小康社会"的需要。对采煤塌陷地综合整治之后，在如何开发利用上，贾汪区委区政府打破思维定势，不是仅仅停留在土地整理的初步阶段，而是以"为徐州未来的发展拓展一个更大的

▲ 潘安湖采煤塌陷区重建总体规划

生态空间"为目标，开展了大量深入的调研。引进先进的生态景观设计理念，以景观导入作为一种新的治理策略进入贾汪决策者的视野。"塌陷区治理"也演变为"塌陷区重建"，即以采煤塌陷区生态修复为基础，在区域层面寻求生态环境与经济效益的共赢，既要绿水青山，也要金山银山。另辟蹊径，以独到的构想创造性地提出"四位一体"的综合整治模式，即通过对采煤塌陷地的综合整治，整理出良田，置换出土地，改善生态环境，建设湿地景观，开发旅游资源，发展绿色经济，建设经济社会、人与自然协调可持续发展的生态经济区。

这一思路和举措契合了徐州市统筹城乡资源，提出"南有云龙湖，北有潘安湖"，把潘安湖采煤塌陷区重建作为徐贾经济走廊、城市走廊、生态走廊的前沿阵地的发展战略，得到徐州市委、市政府的充分肯定。2010年6月2日徐州市迅速成立了以市政府副市长王昊任总指挥，贾汪区政府区长吴新福任副总指挥，市相关部门负责人为成员的"徐州市潘安湖生态经济区建设指挥部"，在其指挥和推动下，开发建设潘安湖生态经济区上升为全市发展战略，作为全市"三重一大"项目加快推进实施。2010年10月8日，徐州市委市政府批准设立"徐州市潘安湖风景区管理处"，作为副处级管理单位来推进潘安湖生态经济区项目发展，全面拉开了潘安湖生态经济区建设帷幕，开创了全国采煤塌陷区资源枯竭型地区高水平生态修复和环境再造的先河。

随着认识的不断深化、目标的不断清晰，最终的潘安湖生态经济区总规划面积约为52.87km^2，分为核心区、控制区两个层次。其中核心区面积约为15.98km^2，外围控制区面积约为36.89km^2。总体功能结构为"一心、两轴、一带、六区"规划布局，即湿地服务中心，经济发展轴、生态空间轴，公建服务带，商贸研发综合区、商务办公综合区、生态休闲区、田园民俗展示区、城市综合区、拆迁安置区。

▲ 潘安湖生态经济区功能结构规划布局

第三节　谋篇布局绘蓝图

潘安湖生态经济区总面积约722hm^2。其中，一期用地面积约467hm^2，陆地面积约113hm^2，水域面积353hm^2（含水生植物面积120hm^2）。二期用地面积约255hm^2，陆地面积约133hm^2，水域面积约120hm^2（含水生植物面积20hm^2）。

潘安湖生态经济区总体规划主要突出湖泊、湿地相结合的特色。2010年9月至10月间杭州市城市规划设计研究院四次来潘安湖实地调研和对接，就规划深化设计的问题进行探讨和交流。徐州市第二十八次规委会研究并通过了由杭州市城市规划设计研究院编制出的《潘安湖生态经济区概念性总体规划》。

2010年9月中旬，在全国众多著名园林景观规划设计院中精心挑选、优中选优，确定由北京北林地景园林设计院、杭州市城市规划设计研究院、上海东南大学景观设计院3家设计单位编制潘安湖景观规划。10月11日，经专家评审，选择北京北林地景园林设计院作为中标单位进行深化设计。

土地利用规划编制工作主要根据园区总体规划，结合土地调整和塌陷地复垦政策，以及城乡土地增减挂钩相关政策，贾汪区积极与市国土局对接，研究编制中长期土地利用调整规划。

水系规划编制由市水利局水利设计院专家到潘安湖实地勘察，并邀请有资质、有实力的

▲　潘安湖生态经济区概念性总体规划

测量单位对屯头河、不牢河等河流及沿线建筑物进行测量后完成水系规划。这个规划充分提升潘安湖的调蓄功能，解决尾水调蓄再利用的需要，腾出屯头河作为尾水导流通道，对潘安湖进行扩容，使潘安湖库容到达0.2亿m³，复蓄量到达0.5亿m³。

由于潘安湖采煤塌陷区域地层不稳，低洼地多，常年积水区多，不适合搞大规模的基础设施建设，不适合搞连片的工业布局，制约地方经济发展，被看作是一块"废地"、一个"包袱"。通过科学规划，谋篇布局，实施挖土造田、开湖造景，采取"宜农则农、宜水则水、宜游则游、宜生态则生态"的发展思路，使曾经的"包袱"变为潜在的发展优势。综合整治后整个项目区湖面面积达400hm²、复垦标准农田面积667 hm²、新增耕地面积33hm²，置换出建设用地200hm²。把这些资源进行整合，规划建设潘安湖生态经济区。其中，开挖出来的水面，建设湿地景观公园；复垦出来的土地，发展高效设施农业、种植业；置换出来的建设用地，规划建设总部经济、科教文化基地、高档住宅、休闲旅游区、农家乐、餐饮服务区等功能设施，有效带动休闲旅游业、三产服务业等新型产业蓬勃兴起，成为吸引投资项目、聚集发展要素的优良平台。潘安湖生态经济区的规划建设，不仅使曾经的"废地"变为"宝地"，使曾经的"包袱"变为独特的发展资源，同时也变改善贾汪生态环境为拓展徐州的生态发展空间。通过徐贾快速通道连接徐州主城区、高铁站区、经济技术开发区，使贾汪融入徐州主城区的前沿阵地，易于聚集人气商气，带动休闲观光旅游业发展，形成"北有潘安湖，南有云龙湖"的生态发展格局，为徐州打造充满魅力的生态园林城市和淮海经济区中心城市建设起到重要的支撑作用。

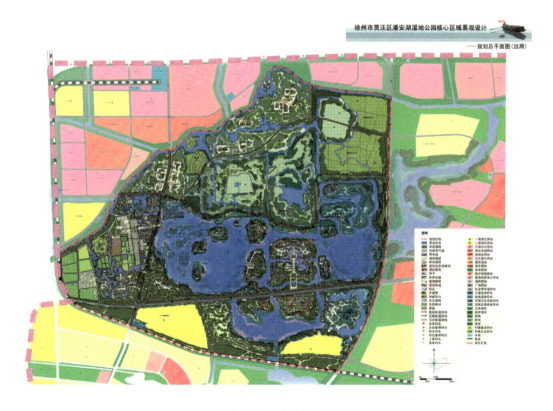

▲ 潘安湖景观规划设计方案

第四节　打造最美的乡村湿地

潘安湖生态经济区核心区域，规划总用地面积15.98km²。总体功能布局划分为北部生态休闲功能区、中部湿地景观区、西部民俗文化区、南部湿地酒店配套区、东侧生态保育区及河道景观区五个部分。中部湿地景观区是潘安湖湿地景观的心脏，占地约333hm²，分为挺水植物游览区、浮叶水生植物游览区、湿地生态保育区、民俗文化综合区、生态水上娱乐公园、游客服务中心游览及湿地酒店等六个功能区划分。

一、贯通水系空间

水系空间是湿地公园的核心，其设计是总体水系全面贯通。上游有屯头河，下游有不牢河，在外围水系空间布局以京杭大运河构成天然的水循环系统。

在园区内没有死水弯角，形成合理的水系流动体系，各个水域通过设计较为丰富的浮岛、漫水岛、湖心岛、沙洲、湿地洲、水草岛、连续岛、生活岛、半岛等多种岛的结合，形成层次丰富、空间景观丰富、植被生态环境丰富的水系空间系列，起到生态净化功能，为潘安湖湿地的景观多元化和丰富性，历史文化内容再现提供了丰富的空间载体。

▲　潘安湖水系规划

二、构建可持续的健康生态系统

生态修复技术路线，首先，规划设计建设水位控制闸和生态拦截工程，有效控制潘安湖区水位，拦截入水固弃物，并做初步水质净化，保障塌陷区内生态需水量和入水的水质安全。其次，建设生态驳岸和生态基底，为生物生长提高有利条件。第三，建设滨岸缓冲带—挺水植物—浮水植物—沉水植物结合的植物净化系列。第四，建立日常监测监控，全面了解水文水质、气象、土壤等生态特征，为提高生物修复效果提供可靠的科学依据。构建可持续的健康生态体系，实现潘安湖生态系统的恢复，包括植物、动物、微生物等生物多样性，形成较稳定的水质生物自净功能，并发挥积极的景观效果。

▲ 潘安湖生态修复技术路线规划

三、构建自然生态的湿地景观

塌陷地生态修复以自然生态为总基调。环湖道路的设置遵循没有裸岸、离岸保持30～50m绿化带的原则。同时，结合驳岸绿化的变化和湖滨竖向缓坡的变化，形成以绿色软质驳岸为主，部分码头、建筑物、平台等硬质驳岸为辅的湖滨岸线景观。

▲ 潘安湖湿地植物景观规划

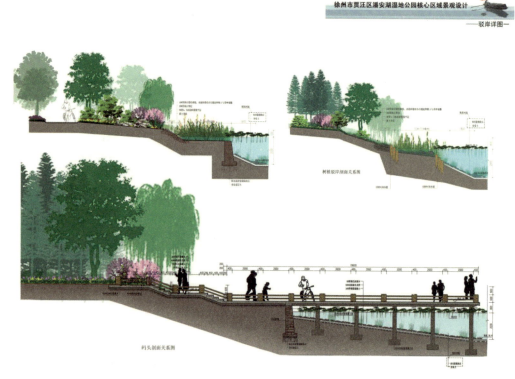

▲ 潘安湖驳岸示意图

湖区航道结合游览需求和游览空间秩序变化，形成了有宽有窄，宽窄相宜，如迷宫般曲折通幽的水道格局和形态。航道宽度最窄处约20m，宽处约300～800m，可湖区泛舟。沿线的美景丰富多彩，可以岸上购物观光、喝茶休闲，体验湿地岛屿特色景观；可以水上游览欣赏黄淮特色湿地水生植物及湿生乔木池杉等景色；也可登高鸟瞰整个湿地的丰富变化和栖息的鸟类、水禽等动物，享受具有独特湿地美景，达到天人合一的自然生态效果。

四、自驾为主、公交补充的交通体系

基于潘安湖的地理区位和市民休憩后花园的旅客市场定位，布局设计以206国道、104国道、徐州五环路和徐贾快速通道为核心的通往潘安湖采煤塌陷地湿地公园的交通干道系统，将310国道和青大路弱化为园区景观道路。在310国道边侧设立车行辅道，停车空间直接与辅道连接。规划在上行交通的基础上较大拓展了停车场地数量，为汽车时代郊野游览做好充分准备。其中，沿310国道道路建设封闭式管理的大型标识性生态停车场8处，约2240车停车位，利大路区域建立1000辆停车位，湿地酒店建立500辆停车位，路边停车位规划容量为3500辆左右，总的停车容量达到6800辆。按2.5～3个小时的周转率计算，每天能够接纳开车游览的人数2.7万人左右。

公交车的站点结合停车场地进行一一对应的布置，并设置厕所、服务店、信息中心等设施和标识系统，最大限度地提高交通效率。湿地公园园区内仅有游客服务中心岛屿能够通车，且仅限内部紧急救护、消防车辆。游人的交通方式为两种：一种是游船，一种是栈道步行。栈道步行在游览区内可多路径选择，但在湿地保护区内仅可以外围环绕通行观察。

▲ 潘安湖植物分布规划

▲ 潘安湖园区周边道路规划

第二章
系统规划塌陷地生态景观

第一节 理念与目标

一、把生态修复保护放在第一位

在实施塌陷地综合治理、湿地湖面开挖、景观再造工程中，坚持生态修复和保护优先的思想，明确潘安湖生态经济区建设的目标与生态保护水平的提高相适应，划定生态保护红线，以大保护促进大开发。打破行政区域壁垒，建立生态保护联动机制，压实压紧周边镇村两级环保责任，严控污染，排放总量大幅减少。园区规划核心区域企业数只减不增，加快推进转变区域经济发展的方式，环境风险得到有效管控，避免推诿扯皮，实现镇村交界地区污染源长效管理。

▲ 潘安湖生态经济区雨水排放规划

湿地景观工程建设措施与生态保护措施相结合。依据自然生态规律，对潘安湖核心区域的土壤污染修复、地下水系修复、流域环境整治、生物多样性保护和恢复等制订一个总体保护规划和修复实施办法。

▲ 潘安湖生态经济区污水排放规划

开湖造景，培育湿地是修复生态系统一个重要内容。在不影响行洪和蓄洪功能的前提下，应尽可能保留和建设一些湿地及湿地岛屿，一切都要因地制宜。湿地既是水景观中不可多得的重要一笔，它充满了野趣、野味和自然气息，也是潘安湖回归自然的一种象征。在河岸建设上，应尽可能留出空白，种植树冠较大的树木并逐步形成林带，贴岸的树冠伸向河道上空，可以增强生态功能，并形成一道独特的风景线。在稳定的边坡，应多种植挺水植物，如各种芦苇、香蒲等，既能形成土壤生物体系的保护，又防止水土流失，改变了护坡硬、直、秃的形象，给人们视觉柔和、多彩的美丽享受。在浅水区域种植浮叶植物、湿生植物，如荷花、睡莲和水草等是潘安湖修复河道、湖泊生态系统的重要一环，让湖水清澈见底，水草茂盛，还原生物链，形成修复后良好的生态系统。

▲ 生态修复植物配置规划

二、坚持自然生态湿地景观主基调

潘安湖景观绿化按照生态学和景观生态学的规划设计理念，突出自然生态湿地景观主基调。力求在生态修复的基础上，通过湖泊、湿地、岛屿的组合，形成层次丰富、空间景观丰富、植被物种丰满的生态湿地多维空间，不仅体现自然生态美感，还可以改变人们生存的环境。

在实际的建设过程中，把主基调坚持下去不是一件容易的事情。一方面要纠正偏离或不按照设计要求施工的企业。大多数施工企业由于长期从事城市园林施工，在施工方法上往往因循守旧，技术上没有变化，营造出的景观效果还是城市园林的景色，达不到乡村湿地的效果。个别施工企业虽然搞一些施工技术创新，但由于没有从思想理念上进行改变，创新的效果还是走向歧途，追求"高大上"树种栽植，不伦不类，体现不出来自然生态的景观效果。另一方面要抵制来自各方面的"专家"指导。城市园林的惯性思维和典型范例，是不符合潘安湖生态修复和景观重建的主基调的。要一以贯之地纠偏和毫不动摇地坚持，保证自然生态湿地景观建造效果。

所以，在景观营造方法和手段上要尊重湿地自然演替过程。尽力保留湿地原生形态，陆生植物选用乡土植物，如乌桕、槐树、垂柳、银杏。形成高中低搭配，种类多样，疏密有致，层次丰富的植物群落。

▲ 湿地自然风光

▲ 湿地植物群落

水生植物选择能够抵抗冬季低温冻害等抗逆能力强和抗病虫害强的植物种类，并考虑其在湿地恢复中所起的作用。如护坡、治污要求高的区域，选择根系比较发达，耐污能力强和净化效果好的湿地植物种类，如芦苇、香蒲等。景观重点观赏区域，选择颜色丰富，植物形状以及株高与周围环境相协调的湿地植物种类，如水葱、再力花、荷花、睡莲、千屈菜、鸢尾等营造丰富多彩湿地景观。

岛屿植物选择，重点以提供隐蔽场所和食物供给的植物种类，如芦苇、慈姑、苏、菰、菱角等，营造生物栖息地，让野鸭、黄鼠狼、大雁、天鹅等动物与自然和谐共处，体现潘安湖湿地建设的核心价值。

对水系和湿地、岛屿空间的层次梳理，对乡土植被生境环境的遵从，栽种自衍花卉、野花组合、花境等，与乡土树种结合，营造自然野趣，自然生态环境，发掘地方植被的审美细节，怡美自然。在平面上利用花期、花色及各季节具有代表性植物来创造季节变化，如早春的报春花、秋天的菊花等植物，在立面上利用植物群落，层次的美感，营造各种特色景观区，形成"天人合一"的自然生态湿地效果。

▲ 水生植物景观　　　　　　　　　　　▲ 湿地自然生态环境

三、乡野情趣的生态湿地

潘安湖生态湿地由东侧生态保育区湿地、南侧南悦湿地和西侧的西泽湿地三个部分组成，占地147hm^2。种植各种乔木、花灌木95种，栽植数量41200株，各种水生植物52种，栽植面积56.8万m^2。建成后的湿地生态区域，水陆纵横交错，芦荡深幽，百鸟翔集，水乡泽国，野趣盎然，是人类回归大自然的理想场所。

▲ 野趣盎然的生态湿地

潘安湖生态湿地建设主要采取自然式的设计手法，依据潘安湖地形地貌，围绕水体环境，突出"自然、生态、野趣"的基础上，融入景观、休闲和游乐等要素，规划为湿地展示区、湿地生态栖息地、湿地生态培育区、湿地生态科教基地、原生态湿地保护区、生态科技监测区等六大功能区，全面展现了乡村自然生态景观。湿地园区内河道错落有致，动静皆宜。结合多样化的水流环境，宜宽则宽，宜弯则弯，宜深则深，宜浅则浅，形成了收放自如的水体形态。水面上架起了5座造型各异的桥,与3km木栈道蜿蜒相连地贯穿整个湿地。

▲ 荷香池生态湿地景观

池杉林内建造了三组亭,起名"草安居",将游人带入晋武帝时期的盖世美男潘安与晋武帝女儿慧安公主在此休养生息的美丽传说。

岛中设立观鸟亭,可以登高欣赏鸟类在空中翱翔的美景。湿地生态栖息地是利用土方工程多余泥土堆成的岛屿和水湾,无登岸码头,游客只能在远处观赏,岛上栽植构树、火棘、乌桕、桑树等,吸引不同鸟类觅食筑巢栖息。湿地生态培育区纵横交错的条型岛屿和曲折的芦荡,组成典型的地带性湿地环境,让人感受到强烈的大自然的气息。正如诗人徐书信赋诗赞曰:"鹭影飞舟何处饮,池杉岸柳初成荫。潘安五月雨蛙鸣,璀璨榴花千里沁"。湿地展示区是科普知识的教育园地,让人汲取生态科学知识,提升自然生态环保的理念。

▲ 层林尽染的池杉林

整个生态湿地景观区采用耐水乔木池杉、水杉、水松、垂柳等为骨干树种，乌桕、沉香、白蜡、合欢、喜树等点缀其间，陆地区域在乔木间还栽植灌木、草木和藤本植物，组建自然群落，形成灌木丛、大叶柳群落、芦竹群落等，将乔灌木植物群落自然地过渡到了水面。水面水生植被以芦苇、香蒲、菱角、红蓼、水葱、灯心草等为核心，占比达到了80%以上，其中芦苇占30%，按单元栽植，每个单元在200～300m²。沉水植物群落、挺水植物群落、浮叶植物群落和湿地植被起到了修饰水岸线与丰富植物景观层次的作用。不仅形成了生态环境优美、景观形态丰富、游览科学合理的湿地景观，而且起到了拓展保护水源地森林植被，优化群落结构，增强和提高湿地综合功能。通过多层次绿化，做到了美学与生态兼顾，使自然与人类环境良好结合，形成人与自然共生和谐的中国最美乡村湿地。

第二节　规划设计

一、紧扣特色的景观布局与设计

潘安湖园区重要景观节点以展示湿地生态，发展农业观光、水上娱乐、科普教育、度假休闲生态经济区为目标，重在体现农耕文化、民俗文化和自然生态湿地景观。

▲　潘安湖采煤塌陷地湿地公园总平面

（一）一期工程

一期景观工程2011年3月开工建设，2012年9月开园运营。共种植乔木78种、栽植数量19万株。灌木地被56种、栽植面积100万m²。水生植物78种、栽植面积100万m²。既有观赏树种，又有大量的果木植物，如山楂、菱角、枇杷、石榴、樱桃、柿子等，在营造广阔无垠的湿地景观的同时，满足游客且赏且玩的需求。环湖路道路长度10965m，各岛环岛路总长度6810m，木栈道1294m，环湖游步道总长度7731m，驳岸总长度31874m。设有码头12处，桥梁24座，廊厅6处，观鸟阁1座。停车场8处，公厕15处，分布于整个园区。

游客服务中心岛、码头及商业休闲岛为湿地入口及景观展示区。游客服务中心为整体湿地的综合服务和景观展示区域，由两个大岛构成，中心为两个大岛包含的景观水湾湿地，岛屿面积为27.33hm²，规划建筑面积3.6万m²。

从主入口进入中央大道，沿大道中央设置4组假山石，分别为春、夏、秋、冬大型盆景，象征着湿地一年四季

▲ 春、夏、秋、冬景观

不同的景色，寓四季平安之意。周边绿化树种以水杉、竹子、香樟等为主。

该区域结合精细的湿地植物景观布置了众多的功能性建筑。南部为游客服务中心、湿地宾馆、主入口标志景观。北部为出发码头、回程码头、会务中心、乡村美食街、湿地特产购物一条街、休闲茶座、西餐吧、游客候船等待区等。中部规划为标志性湿地博物馆。

湿地景观区设置了大小12个湿地岛屿约86.7hm²。岛屿功能分为：游客服务中心岛、码头及商业休闲岛、枇杷岛、醉花岛、养生岛、蝴蝶岛、水神庙岛、潘安古村岛、欢乐岛、鸟岛、东侧生态保育区湿地岛、南悦湿地岛。岛上主要以香花植物为特色，每个岛主题各异，古典与现代交织，中式传统与西方浪漫风情相映，动静结合，功能各异，细细品味，回味无穷。

▲ 湿地公园主岛鸟瞰图

生态保育区湿地岛和南悦湿地岛，两岛屿构成湿地保育及生态观光区，总面积146.7hm²。该区域位于主入口东侧方向，为潘安湖湿地景观亮点。游人以船行游览，经过大面积水生芦苇、蒲草、香蒲地，沿途空间虚实变化丰富，聚合有序，或层层叠叠，荻花瑟瑟；或曲径通幽，香荷田田；或水路涟涟，水禽咯咯。步行到达池杉林，沿途布置了长约1km的观鸟栈道，规划布置200架室外观鸟望远镜，可容纳近千人观鸟游览。同时，在观鸟台设置登高远眺整个湿地保育区的观景处。

▲ 潘安湖采煤塌陷地湿地公园琵琶岛

琵琶岛紧临中心岛东侧，岛屿面积4.7hm²，岛上规划建筑面积0.98万m²。绿化树种以琵琶、乌桕、柿子树等为主。岛上集高档餐饮、客房、温泉、休闲娱乐于一体。总体布局南部为高档餐饮、休闲娱乐区，北部为管理场所，中部为湿地客栈。可为游人在观赏湿地的同时，提供生态自然的休闲住宿场所。

"潘安文化"潘安古村岛，占地8hm²，主要是以展现"潘安"两千年历史文化底蕴为依托，形成古色古香、底蕴深厚的潘安古街、潘安祠、潘家大院、古戏台及潘安市井文化。岛上生活设施齐全，古木交柯、桂香四溢，形成集参观、休闲、餐饮、居住于一体的，具有"潘安"文化、古木葱茏的潘安古村岛。

▲ 潘安古村一

▲ 潘安古村二

"亲子乐园"哈尼岛，位于主入口西侧位置，占地11.8hm²。该岛主要为动态区域，建设一处较大的青少年娱乐中心，可开展生态活动、露天音乐演出、有坡道冲浪、高空蹦极、山道滑车等，表现的是刺激、风趣、探险以及各类拓展集训活动等欢乐内容。同时，布置了乡村特色商业游览街区，供人们购买土特产和旅游纪念品。

"欧洲风情"蝴蝶岛，位于潘安湖风景区西北部，占地6.7hm²。该岛围绕渲染蝴蝶主题文化，配建蝴蝶展览馆，让游人在观赏蝴蝶的同时，体验制作蝴蝶标本的乐趣。岛上设有欧式教堂，打造欧式婚庆场所，并在环境优美的树丛中点缀一些欧式别墅，让人们充分感受诗意浪漫的西方风情。

"四季花海"醉花岛，位于潘安湖风景区西部，占地4.3hm²。以百合、合欢、并蒂莲、石榴、玫瑰等充满喜庆色彩的香花植物为特色，设有传统的中式婚庆场所。可在此举行民俗婚礼仪式和开放式婚庆活动，也可举行沙龙聚会、品茶等户外活动，岛上在布满中式古居民宅的老街中，设有中式品茶雅居，让人们在休闲中，充分体会高雅的茶香古韵。

▲ 醉花岛婚庆中心效果图

"颐养身心"颐心岛，取自颐养身心之意。位于醉花岛北侧，紧靠西侧湿地，占地3hm²。岛上的植物以杜仲为主，形成植物养生的特色。在葱郁的树林和花草中间，布置养生会所，具备植物养生、五谷养生、水疗养生、休闲养生四大特色，形成幽静自然的生态养生基地。

"神秘祭拜"水神岛，岛内供奉"真武大帝"（又名"玄武"）。根据阴阳五行的说法，北方属水，故北方之神为水神。《后汉书·王梁传》曰："玄武，水神之名，司空水土之官也"。

"鸟类保育基地"鸟岛，占地1.9hm²。岛内分五个散养区域，分别是：涉禽散养区、野生鸟类招引区、鸟类游禽区、红锦鲤鱼区和孔雀散养区，岛中设观鸟亭，旅客可以登上观鸟亭欣赏鸟类在空中翱翔的美景。

湖西侧为民俗文化综合区。主要由神农庄园、民俗大舞台、民俗广场三部分组成。其中，神农庄园特色农家小院为2万m²，民俗大舞台2000m²，民俗景观广场3万m²。以马庄村农家田园风光为依托，建成具有浓郁北方乡土气息的田园式生活村落，打造一个集吃、住、玩为一体的乡村农家乐。让游客充分体验乡村农家生活，形成园区一大特色亮点。如今已经成为潘安湖保留最大的村落景观，完整地保留了鲜活的地方人文和历史，也是湿地公园中承载文化活动最为生动的体验区域。

▲ 水神庙效果图

民俗大舞台立有神农氏雕塑，高9.9m。整体造型粗犷有力，双目坚毅，头部略低，俯视苍生，展现了部族首领的强壮与威严。其身披斗篷，赤脚而行，体现了远古先民艰苦的生活状态。神农双手托起神农百草经书卷，将其一生心血和生命奉献给炎黄子孙，厚泽百世。作为弘扬中国传统农耕文化的代表，神农氏雕塑成为园区重要标志。

▲ 神农庄园一角

▲ 神农氏雕塑

民俗广场设置二十四节气雕塑。整体呈方形，共分三段。上部为"天"，刻有云纹与日、月，寓意风调雨顺。中部为核心部分，正反两面有篆书的节气名称，一侧有雕刻的与该节气相对应的花朵，旁边雕刻的节气歌简单明了地将节气的意义阐述出来；另一侧刻着金色的节气释义，详细地将节气的内容表达给观者；而贯穿上下的麦穗纹样将农耕与节气的联系注入其中。底部为"地"，刻有山水纹饰，寓意五谷丰登，滋养万物。

▲ 二十四节气广场

雕塑上铭刻二十四节气与中国传统医学养生相结合的内容，体现了中华民族对自然和人类自身的思索，以及顺应四时、"天地人"和谐统一的文化思想。

（二）二期工程

二期景观工程2013年6月开工建设，2014年10月1日正式开园。共栽植乔木3.3万株，花灌木3.5万株，地被100万 m²，水生植物21万 m²。驳岸总长度2.8万 m，环湖道路约9km，游步道约10km，停车场4处。

湿地景观区设置了五个湿地岛屿功能区。园区设计以人为本，绿色生活为设计原则，打造集游览观光、生态宜居、旅游度假、乡村民俗体验等为主的生态公园。

▲ 潘安湖采煤塌陷地湿地公园二期鸟瞰图

入口及湿地主题景观区占地面积约40.1hm²。主要功能为入口、游客服务中心、餐饮售卖、集会活动。景观体现潘安湖湿地特色，与一期相呼应，空间特色为开放大气，具有标识性主题性，可开展集合、沙滩活动、草坪风筝等；植物景观特色为主入口处树形挺拔、季相特色分明的实生银杏与造型灌木组成的树列矩阵，结合几何规整的硬质广场，形成庄严震撼的空间氛围，与一期入口的规整式广场遥相呼应的同时，V字型树阵给人以强烈的方向指向性，引导游人进入，并使主题标志性构筑物成为视觉亮点，增强构筑物的标志性和主题感。

湿地科普展示区占地面积约78.4hm²。主要功能为湿地动物植物科普，以及相关水质、空气、土壤等的监测，为游客提供参与性科普体验，提供湿地生物栖息场所；开展湿地科普，湿地预览，观鸟观鱼、眺望、检测体验等活动；植物特色为大片挺水植物及果树，为鱼类、两栖类、鸟类动物提供适合生存的场所，并且通过沿水面布置全套湿地净水系统，分段演示植物、生物、微生物的净水过程及净水成果，科学生动地向游人展现湿地系统对地球与人类的生态价值。

湿地娱乐区占地面积约27.2hm²。主要功能以采煤塌陷类型科普展示与儿童活动功能相结合为特点，景观空间突出安全性与趣味性，可开展儿童活动、亲子教育、野餐摄影、青少年户外运动等活动；植物特色为活泼且有趣味性的生态植物景观，陆生植物群落与湿地植物群落围绕着小场地与活动休憩设施，形成一个个风格迥异的小空间，点缀观花观果的乔木花灌木组合，为热闹的活动空间创造观赏亮点。

潘安文化展示区占地面积约32hm²。景观着重展现潘安文化及当地民俗文化，营造具有表现力、亲和力，尺度宜人的景观空间。植物特色选用具有中国传统文化寓意的景观树种，打造观花、观果、闻香等专类园，供游人静态观赏。

乡居度假区占地面积约49.5hm²。主要功能为休闲度假、特色餐饮；打造私密性、舒适性、安静宜居的景观空间，可开展休闲养生、家庭聚会、度假等活动；植物景观侧重静态观赏，营造放松惬意、宁静的观景氛围，以乔灌木组合分割空间，围合出以家庭为单位的小团体活动场所。

花海休闲度假村占地面积约27.9hm²。主要功能为生态景观住宅及其他相关生态开发。

二、毫不放松抓住专项规划设计

2010年12月12日，《潘安湖湿地总体规划及景观规划》通过了徐州市规划委员会的评审，项目建设进入实质性操作阶段，景观绿化工程建设进入倒计时，毫不放松地抓住专项规划设计，确保规划设计高标准、精品性，才能保证工程建设施工方案的科学性。

加快景观规划的深化和扩充，把概念性规划快速转入施工图设计。要做到每个景观的面积，苗木种植的品种、数量，水生植物栽植的品种及层次清晰度等具备可施工。对重点22个景观绿化精品标段，在原设计的基础上深化思路，提升意境和视觉效果，确保生态自然的湿地景观效果在实际施工中全面生动体现。

强化功能性建筑规划设计。从功能性建筑设计入手，对一些功能性建筑和公共性家居、餐饮酒店服务设施等进行早规划、早设计，先期配套建设跟得上。对园区主入口、农家乐、蝴蝶岛、潘安古村及水神庙等五个重要节点功能性建筑，请知名专家进行建筑修建性详规设计，深化方案要细化到每个建筑立面形状、色彩，每个建筑主体所用材料等，确保五大节点与景观绿化同时顺利开工建设。

▲ 湿地公园功能性建筑布局

▲ 湿地公园公共基础设施布局规划

加快基础性设施专项规划设计方案的深化和延伸。及时梳理出景观工程建设项目前期急需的基础性公共配套设施专项规划设计项目的明细。有效开展各类管网、道路、桥梁、码头、栈道、民居小品、游船、旅游策划等11项专项设计方案的委托设计。各专项规划设计在符合相关规范的基础上，研究潘安湖湿地总规划，了解潘安湖湿地园区发展方向，使各专项设计构成园区整体系统，既能满足园区管理需求，又能结合实际，不闭门造车和硬搬规范，充分考虑各专项规划设计项目与园区系统之间相互关联。在设计过程中相互兼顾，统筹全面，真正达到"以人为本，自然生态，和谐有序"的设计目标。道路规划设计在确定断面的前提下，处理好与桥、隧、绿道、湖面、纵坡、交通停靠点以及其他基础设施的关系，为后期立体施工，交叉施工，提供科学依据和施工条件。

加强景观规划设计与土地复垦项目和外部（徐贾快速通道）建设项目的对接联系。组织规划设计单位与水利、交通部门共同实地勘测，实现点对点的无缝对接，确保景观规划设计与土地复垦项目及外部建设项目相互融合发展。

加速完善景观绿化工程建设项目的立项、环评、稳评等工程建设前期审批事项的办理。建立手续办理台账，明确项目手续办理责任人和承办人。强化责任意识，创新工作方法，积极作为，对项目基本情况和手续办理进行全面认真分析，制定节点计划，确保审批时限最短、最快，使工程建设按节点高质量快速推进。

三、及时优化提升设计出精品

在潘安湖景观绿化工程建设中，始终把"精心精细是态度，精致精品是标准"贯穿如一，使景观绿化工程施工既按照景观设计图纸要求精心精细做到位，又能结合实际不断优化提升设计，实现景观艺术精致再塑造，打造出一批精品工程。

▲ 土地复垦图与景观设计图关系比较

提升和优化道路体系建设。对环湖路、环岛路、游步道、木栈道等道路体系，针对场地施工中出现的新情况、新问题，在专家论证的基础上，进一步优化设计建设标准，环岛路控制在3.6m以内，游步道控制在2～2.5m，环湖路控制在6m以下。游步道核减1169m，木栈道核减7442m，既降低了成本造价，又使交通干线更加通畅，安全便利。对用材采取宜石宜砖宜木相结合，体现生态自然。

▲ 岛屿调整前　　　　　　　　　▲ 岛屿调整后

严格控制岛屿面积。对主入口岛屿陆域过大、水面偏小的状况，与设计企业进行对接，结合主入口原有鱼塘水面多的实际，及时调整设计方案，使主入口岛屿陆水面比例进一步优化合理美观，更具生态自然性。

调整优化植物配置。认真选择适合本乡特点的树种、水生植物种类和配置方式，合理调整种植密度，共核减银边、八仙花、白三叶、薹草、芦苇等11种5.63万m²。同时配量栽植一些冬季挺拔、具有北方韵色的植物，新增香蒲、莲花、金钟花、水生美人蕉、芡实等8.15万㎡。加强与设计单位的现场对接，邀请园林绿化专家现场技术指导，确保施工的每个环节不仅达到设计标准，而且还高于原设计标准，使每个标段做出精品。

▲ 丰富的植物配置

景观绿化突出特色。按照每个区域都要有特点的要求，对常绿和落叶树种按照1：1比例搭配，保证四季常青，三季有花，南北兼容。

在追求自然生态，不增加土方量的前提下，对岸线、航道、岛屿地形进行优化调整。该降的降到位，该增的增到位，该拓宽的要拓宽到位，使岛屿有变化、有起伏，岸线流畅大气，地形地貌与景观绿化相辅相成，更加生态自然。

功能性建筑调出精品。对于核心区功能性建筑方案、游客服务中心、会务中心、商业服务中心、快捷宾馆、餐饮娱乐中心等开园前应具备的功能性建筑，总建筑面积39533㎡，四易其稿。强化对建筑设计方案中建筑结构、建筑功能、建筑空间、建筑风格、建筑色彩、墙体饰面材料等优化提升。使建筑层次以二、三层为主，建筑平面以园林式布局，与水域、岛屿有机结合。建筑风格采用徐州传统民居风格的同时，增加外立面装饰等现代原素，建筑色彩以灰白为主色调，与周边湿地景观环境融为一体。在建筑细节上对门窗样式花格风格和大小都进行调整修改，使功能建筑实现精品化。

第三章 加强关键技术集成

潘安湖采煤塌陷区范围广、深度大，建设湿地公园，实施生态修复和环境再造，突出的是土地固水、防渗、防漏的问题，必须强化科技支撑，依靠关键技术集成高质量推进塌陷地生态修复，提升整治水平。

在国土资源部、省国土资源厅的关心支持下，徐州市国土资源局联合中国土地勘测规划院、国土资源部土地整治中心、中国矿业大学、江苏省老工业基地资源利用与生态修复协同中心、徐州市生态文明建设研究院等单位，坚持绿色发展，生态优先理念，在潘安湖采煤塌陷区综合整治工作中，开展了多项科技攻关工作，支撑了潘安湖土地整治、生态修复和景观建设工程。

第一节 土地整治与地貌重塑

一、土地整治

潘安湖所在地的权台煤矿塌陷区作为国家科技支撑计划"村镇退化废弃地复垦与整理关键技术研究"（2006BAJOA08）和"城市废弃工矿区土地再利用技术研究"（2006BAJ14B07）两项课题的研究基地，先后完成了潘安湖采煤沉陷区的水土资源调查、开采沉降预测评价、矿地一体化信息平台、采煤沉陷区的人工湿地生态修复规划与重建技术体系、土壤重构技术、采煤沉陷区土地复垦技术、塌陷土地地貌重塑及景观再造技术、采空区抗变形技术应用等研发与集成。多种技术的综合研究和应用为潘安湖的规划设计和建设奠定了坚实的基础，解决了潘安湖湿地生态景观建设中固水、防渗、防漏、保水等具体关键性问题。2011年，国土资源部批准徐州潘安湖采煤塌陷地为淮海采煤塌陷地土地利用野外基地，在此基础上又实施了"煤矿区国土资源协调与调控研究"（2012BAB11B06）、"工矿区受损农田修复与精细化整理技术集成与示范"（2011BAD04B03）、"灾毁农田和城郊污灌农田修复技术集成与示范"（2011BAD04B04），国土资源部公益性行业科研专项"煤矿区国土资源管理一张图关键技术开发与集成示范"（201211011）、"苏北煤炭开采区土地资源数量—质量—生态监测与持续利用野外科研基地建设"（201211050-06）等项目。利用矿地一体化管理技术平台，实现区域煤炭开采地表形变预测和残余变形分析，建设了生态监测与持续利用野外科学观测研究基地，全过程监测生态演变过程，为潘安湖湿地建设和维护提供了科技支撑。同时，加强国际交流合作，依托中德合作平台，将德国在矿区整治、生态修复等方面的先进理念和成功经验应用于潘安湖采煤塌陷地综合整治工作，使生态修复技术站上国际前沿。科技成果运用上，创新整理理念，实施了高标准规划设计，对塌陷地的形状不同的土壤类型、底层结构、稳沉程度、积水深浅等情况统筹规划，通过复绿治水，育土建景等生态修复手段，集"基本农田整理、采煤塌陷地复垦、生态环境修复、湿地景观开发"四位一体建设模式，突破土地整理科目之间的限制，坚持塌陷地整治与生态修复相结合，进行分类改造利用，全力推进采煤塌陷地生态修复和综合利用，建设高优农业区、浅水种植区、深水生态湖和生态孤岛，构建了以"山为骨，水为脉，林为表，田为魂，湖为心"的生态安全系统，逐步把塌陷地转化为独特的开发资源，变历史包袱为极具潜力的发展空间，打造绿水青山，守住乡情乡愁。

▲ 保育区生态孤岛

二、地貌重塑

潘安湖采煤塌陷区内原有土地利用类型复杂，包括灌溉水田、旱地、果园、林地、田坎、晒场、水利用地、农村道路、居民点、建制镇，独立工矿用地、特殊用地以及河流用地、坑塘用地、水工建筑用地、荒草地等。其中，坑塘水面在各地类中所占比例最大，达到53.52%，而且分布零散，水下地形复杂，大部分处于荒芜状态。

▲ 重塑前

▲ 重塑后

鉴于塌陷区现状，营造景观必须在地貌重塑上实现突破。地貌重塑应根据地貌破坏程度、生态和景观恢复目标等综合考虑。核心是制订土地利用平面和竖向控制，关键在于自然河道的重塑、土方设计与土地利用的动态平衡、环湖与岛屿边坡的筑护三个方面。

一是自然河道的重塑。潘安湖采煤塌陷区自然河道发达，上游有京杭大运河的支流不牢河，下游有屯头河。水资源虽然丰富，但由于土地塌陷，导致采煤塌陷区内水体散乱分布，水体资源优势无法发挥。在生态修复中，遵循原有河道和水体以及因采煤而形成的水体（塌陷坑或季节性积水区域）的关系，通过合理的水系沟通形成塌陷区的天然生态廊道。另一方面，雨水利用是解决景观用水补充问题的重要一环。因此，在竖向控制中，以自然河道为主要江流方向，根据各个独立地块的形状，确定高点及排水趋势，设计多种竖向方案。

二是土方设计与土地利用的平衡。在潘安湖景观规划中，土方的工程量相当大，在设计之初就把土方平衡的问题考虑在内。首先是科学确定各类用地标高。根据总体规划目标，潘安湖采煤塌陷区可以分为农耕景观、自然生态景观两大类。自然景观又可细分为生态保育区、生态休闲观光区等。根据景观类型，分别制定标高策略。自然生态景观区采取多种标高策略：以主岛为全区域的景观制高点，标高要能保证旱生大乔木的生长和园区休憩服务场所的防洪防涝要求。其他岛屿和中心区域要能满足旱生乔木的生长要求，中心区域至水域的区域，可根据选用的植物不同逐步降低标高。旅游船行航道，根据水上旅游线路，按照船道行船安全标准挖深挖宽，总体保证区内的土方利用平衡。

三是环湖与岛屿边坡的筑护。针对潘安湖边坡砂性土的特点，采取生物工程法，将杉木桩插入边坡水陆交汇处。然后，上（陆）下（水）两侧种植固坡能力强的植物，使支撑物与植物根系土壤形成一个整体的结构，实现稳定边坡的作用。生物工程护坡技术不仅防止水土流失，而且改善栖息地生境等，具有最高的生态性。

▲ 杉木桩护坡实景

第二节　湿地水生态系统重构

可持续的健康水生态系统的构建是实现潘安湖生态系统的恢复，形成较稳定的水质调节功能的关键所在。主要通过生境构建、生态修复、补水净化等技术手段，对潘安湖水系进行生态修复治理。

一、水系修复治理和构建

（一）生境构建工程

重点在水质改善、底质改善、水动力改善（截污治污、再生水回用）下功夫，依靠截污治污工程，河道清淤工程获得合适的水质、底质等关键生境条件外，通过水位调节工程、水动力调节工程，对水生生态系统和生活环境进行优化，实现水生态系统的恢复。

（二）生态修复工程

包括河滩湿地、生态驳岸、生态系统结构调整。采取以生态为基础，安全为导向的工程方法。利用原有景观种植带，改造成具有一定净化能力的生态缓冲带，把河畔与水体连成一体，促进水体净化，形成驳岸与河流的缓冲带。通过随泥沙沉降，反硝化作用，植物吸收等生态措施截留水中的氮和磷。缓冲带在控制非点源污染的同时，改善区域环境增加生物多样性，增加植被覆盖率，提高抗旱能力，满足人们审美观赏和"近水、亲水"的心理需求。

（三）补水净化工程

为有效缓解干旱情况下潘安湖补水问题，在潘安湖上游建设小吴引河，潘安湖与京杭大运河实现连接，实现补水功能。在入水口处大量种植香蒲、芦苇等水生植物，这些植物能够促进水中泥沙沉降，并与周围环境的原生水生植物、藻类及动物、微生物等形成特殊的根际微生态环境，这一生态体系具有很强的净化废水的能力，形成较稳定的水质调节功能，改善水质。

▲ 水生植物造景与生态修复

二、驳岸处理

湿地驳岸水陆交界处是湿地中较为特殊的部分。如果采用混凝土砌筑，不仅视觉生硬，影响湿地自然美感，而且破坏了湿地环境本身具有的过滤和渗透作用。如果用人工草皮，则自净能力弱，还需要经常的使用农药防治病虫害，容易造成有毒化学物质进入水体。潘安湖驳岸采用生态杉木木桩或局部叠石的方法，在水土交接区自然过渡地带种植水生植物，一方面加强周围环境的自然过滤和渗透功能，一方面为两栖动物、爬行动物和鸟类提供了生存环境。

▲ 驳岸处理示意图一

▲ 驳岸处理示意图二

如此形成湿地驳岸更具有自然美感，与整个湿地环境浑然一体。为了更好地保障水生植物生长，栽植基床要有一定长度比例，潘安湖采用的比例为3∶1～10∶1，长度为20～30m之间。

三、湖底基床处理技术

土壤结构对湿地建设有重大影响，黏土矿物有利于防止地表水体快速渗入地下，并可限制植物根系穿透，所以湿地下层基底必须是黏土层。在设计和施工中，根据潘安湖区域地下10m左右有相对稳定的黏土层的现状，采用湖底基床标高控制在地下10m以上，不破坏地下自然黏土层，以自然黏土层作为湖区防渗层，不需要另外做防渗层，降低了工程造价，还实现自然生态施工。

▲ 处理湖底基床施工现场

四、生态拦截

为保证塌陷区水体的水质，首先从源头抓起，通过生态拦截工程，截断外来污水物进入的通道，防止外来污染物随着水流进入。在湿地公园水源入口处设置竹栏，隔离漂浮垃圾，同时在生物飘带附近，种植挺水植物芦苇、香蒲等吸收水中的营养物质，隔离的漂浮垃圾及时清理，防止发生淤塞，从而达到消耗有害物质、净化水质的目的。

▲ 生态拦截工程位置示意图

五、水体底质的修复

底质是植物生长的前提，也是生态恢复的关键。底质的质地和稳定性关系到植物的生长，从生态修复工程的生态性、景观性、安全性、经济性综合考虑。

▲ 水体生态修复示意图

首先要稳定边坡，加固或增加底质，这是水体修复技术创新的主要考虑的问题之一。水体底质的另外一个重要因素就是底质的高程；潘安湖底质的高程控制在水下1.3m。对于较深水域的局部改造充分考虑水流的影响，在提升区域基底，周边增加稳固措施后进行植被恢复。主要的稳固措施有木桩或者砌石固基法、植被筐法、木质固基法等，保证其不受水流的冲刷，防止坍塌。对水陆交错带、岸带底质修复，采取设计合适的坡度，尽可能满足植被演替系列中不同生活型植物所需要的底质环境条件，使植被在生活过程中不受水平面波动的影响。在初始工程中采取必要的稳固措施，主要岸带稳固措施有灌木垫法、堆石护岸法等。在实际施工中岸带底质修复工程常和植被恢复及景观造景配合进行，以达到两者兼顾的效果。

六、水位调控

由采煤塌陷地修复而成的潘安湖湿地四面环水，形成天然的"锅底"状态。在防洪、蓄水、水质保障及稳定性方面均存在较大的压力。施工技术上，在主要排水口处设置水位控制闸站，实现了按需要控制换水和补水，有效保障塌陷区生态需水量，保持水位达到保障塌陷区水安全的目标。

▲ 潘安湖水位控制示意图

第三节　植被生态系统修复

植被恢复是生态修复工程的主体，在湿地景观视觉效果营造中位于核心地位，是整个湿地生态系统最富生命力、最具美感的因子。植物选择时结合植物特性，湿地不同地带的地貌及水文条件等综合考虑，确保原有植物的生存繁荣，尽可能避免不必要的外来物种的引进。在植物品种选用方面，尊重湿地自然演替过程，尽力保留湿地原生态，选用乡土植物为湿地公园陆地植物，绿化面积约247hm²，栽植70余种乔木计20万棵，50多种灌木及地被计200万 m²，70种水生植物计133万 m²，形成高、中、低，水、陆生植物搭配，种类多样，疏密有致，形成层次丰富植物群落。同时考虑植物对水体净化效果，选择千屈菜、石菖蒲、香蒲、灯心草、水葱、鸢尾等6种对水体氮磷具有较好的吸收效果的植物。

一、植物选用遵循适地适树原则

适地适树是景观绿化成功的关键。潘安湖景观绿化中，苗木选用上遵从自然，体现了浓厚的生态理念，最大程度地将原有价值的乡土树种的自然生态要素保留下来，并加以利用，达到既营造自然野趣，发掘地方植物审美细节、怡美自然的景观效果，又能提高乡土植物的生态价值和科普价值。所以，结合黄淮地区乡土植物兼备适应性强、抗逆强、观赏好、低碳环保等特点开展乡土植物苗木采购工作，使乡土植物成为潘安湖景观绿化建设的主力军。同时，使用乡土植物的管理和维护成本最少，能使场地环境自生更新、自我保护，施工企业乐此不疲。

▲ **冬季植物自然景观**

为丰富植物景观多样性，适当引进外来植物也是必不可少，如池杉、湿地松、中山杉、大叶柳等。在施工中，选择适合引进植物生长的土壤就显得很重要。主要考虑土壤的质地、肥力和保水性，选择适宜植物生长的土质。特别是在潘安湖采煤塌陷地生态恢复的模式中，部分区域由于垃圾填埋气体和垃圾渗滤液对植物的毒害，植物生境较差，植物长势较弱。治理的方法首先需要对土地的土壤情况进行分析测试。然后，根据测试结果，选择相应的对策：一是将不适应或者污染的土壤换走，二是在上面直接覆盖好土以利于植物生长，三是对已经受到污染的土壤进行全面技术处理。其中，采用生物疗法处理污染土壤，主要是增加土壤的腐殖质，增加微生物的活动，种植能吸收有毒物质的植被如水葱、芦苇、香蒲、芦荟、石竹、蔷薇等，都有比较好的净化吸毒的能力，使土壤情况逐步改善。利用植物和细菌来净化土壤中的废毒类物质，这样既改良了土壤，又减少了投资。

二、植物配置遵循生态位原则

在植物配置上，充分遵循生态原理，合理选择配置植物种类。避免各个物种空间和营养的争夺，种间互相补充。既充分利用环境资源生长良好，形成结构合理、功能健全、种群稳定的复层群落结构，又能形成具有良好视觉效果的景观。景观绿化过程中，在确定基本苗木框架后，用三个月的时间集中精力，增绿补植，对配置不合理的植物群落进行移植调整，对植物空挡区，增补适宜的藤蔓植物、丛生灌木和竹子，形成层次分明，植物丰富的绿化景观。同时，根据种植地不同的情况，有针对性有侧重的选择植物种类，调整区域苗木结构，尤其是高大乔木优势树种的选配，如池杉、银杏、乌桕、构树、朴树、榉树，直接决定了湿地景观和生态效益的发挥程度。对影响冬季景观效果的苗木配置，按照每个区域都有特色的要求，对常绿苗木广玉兰、香樟、枇杷、桂花、丛生石楠等采取1:1搭配，从乔木到灌木开始抓，保证三季有花、四季常青、南北兼容的特色和亮点。

在模拟自然群落的植物配置上，首先考虑其生态功能，采取多样性搭配。涉及到植物观赏特性中的观花、观叶、观果、观形、花香等几个方面，让观赏性全面，使每种植物都有其独特的观赏价值。群落结构以乔灌草结构为主，也有部分灌草型结构植物群落，所有群落在冬季都有景可观（有常绿乔木或灌草），多数在秋季有色叶可观。如池杉林、杜仲林，都突出季节特性，兼顾了群落和环境中的物种的丰富度、均匀度，群落的动态与稳定性，使群落植物充分体现自然生态环境。

▲ 植物生长健康环境

三、维持种植场地自然特征

植物栽植的场地环境遵循自然生态。各个施工区域栽植场地阳光充沛、地形自然，水、风、土壤等植物所需的要素都保持适宜植物生长的健康环境。

植物种植中，尽量保留植物场地的自然特征，如溪流、造型树、地被及地形等随其所为，不曲意改变。尤其在施工中，不刻意拉高土方做型，人为堆砌，保证植物生长状态自然。这样既在一定程度上降低投资成本，又能避免为了过分追求形式的美感，对原有的生态系统造成无法弥补的破坏。

四、水生植物群落构建

湿地水体植被修复采用挺水植物、浮叶植物、沉水植物、生态浮岛结合，综合修复的办法，植物群落的配置以生态修复功能为主，兼顾景观功能。

从滨岸到水体中心，群落类型依次为植被缓冲带—挺水植物群落带—浮叶植物群落—植物浮岛。植被缓冲带在一定宽度、坡度的滨水地带，通过植物群落的过滤、截留、吸收等方式将地表径流和渗透中的沉积物、营养盐、有机质等物质去除，使进入水体的污染物浓度和毒性降低，是湖泊水体修复的第一道屏障。挺水植物群落带，通过水下地貌塑型，造成一个整体相对平整，局部高低起伏的水下地形，有利于浅滩湿地的恢复，逐步构建以芦苇群落、水葱群落、千屈菜群落、香蒲群落为主体的水生植物镶嵌群落。

▲ 挺水植物群落

▲ 沉水植物群落

浮叶、沉水植物区主要选择菱角、荇菜、槐叶萍、浮萍、狐尾藻、苦荬草、金鱼藻等植物组合，表现出了水体透明度改善，以及植物的协同效应。生态浮岛选用本地的水生或湿生植物品种、根系发达、根基繁殖能力强，个体分株快、植物生长快，具有一定观赏性多年生植物为主。主要选用美人蕉、旱伞草、香根草、鸢尾、香蒲、黑麦草等，并且考虑到冬季常绿植物的搭配，满足景观空间形态的需求，综合岸线景观和湖面倒影的景观效果。

▲ 水生植物空间之美

五、引种池杉树

池杉树是潘安湖东侧湿地生态系统的主体，面积达到13.9hm^2，栽种池杉3500余株。池杉树的运用，在整体湿地植物群落的配置中，达到了生态、休憩、景观形象再塑等多重功能，有着重大的影响作用。

池杉又称之为池柏，杉科落羽杉属，原产于美国弗吉尼亚州，中国也较为常见，尤其是长江流域重要的园林绿化树种，形状优美，树干挺直，基部膨大，树冠尖塔型，枝条向上，花期3月，果实10～11月成熟。植于湖泊、河流岸边浅水区，具有很高的观赏价值。一到秋天，成片红褐色的池杉，就成了色彩的天堂。它的秋色是分层次的，一层水，一层树干，一层秋叶，层层叠叠，绵延不尽。远远望去，参天的池杉树披上了橙红大衣，恰似一幅浓艳的油彩画，一处美丽到窒息的秋景。

▲ 池杉林秋景

▲ 池杉林中的木栈道

徐州为南北气候转变过渡带，池杉过去主要应用于长江流域，在淮北地区大面积引种池杉，它的成活率会是怎么样呢？工程管理人员和施工企业人员心里没有底，技术人员到主产区及周边零星种植地去考察学习，反复研究其生长习性，并在施工区域移植一部分池杉进行过渡培植，积累了丰富的异地栽植的经验后，开始大面积引种，成活率在90%以上，掀开了将池杉大规模应用于徐州园林绿化的新篇章。

池杉树属于强阳性树种，喜温暖湿润的生长环境，适宜种植在深厚疏松的酸性或微酸性土壤。苗木长大后抗碱能力增加，生长迅速，萌芽力较强。移栽前要采取疏枝和短截的方法，剪除病虫枝、重叠枝、内膛枝和扰乱树形的枝条。移栽中地上部分应注意保护顶梢，地下部分应注意保护根盘完整。栽植区必须放空水再移植树苗，生根后即可长期浸在水中。池杉树特别适合水溪湿地成片栽植，步行道两侧适合连排规整栽植，形成一种气势和视觉冲击力。孤植或丛植必须考虑天际线和地形起伏，也能构成独特的湖边水景。

潘安湖东侧湿地池杉苗木主要来自于嘉兴市桐乡，树的规格控制在胸径6～30cm，以15cm为主。栽植时间春冬两季最好。冬季移植以12月最好，春季移植应在2月中下旬进行。潘安湖在6、7、8三个月抢工期中突击栽植的池杉几乎没有活下来，移栽池杉树一定要把控好季节。池杉树也可与秋色叶树种水杉、银杏、青枫、黄连等搭配栽植，形成壮丽秋色叶景观。

六、保健养生杜仲树

一次偶然的机会,接待来潘安湖视察指导工作的江苏省农林厅的一位副厅长。这位领导建议潘安湖建设植物养生保健之地,启发我们多栽植杜仲树。事后,我们邀请有关专家进行调研论证,决定在潘安湖西侧湿地一个3hm²的孤岛上建一个植物养生岛,后定名为颐心岛。既是一种植物结构的优化,也是对潘安湖园区发展模式的一种探索。

杜仲属落叶乔木,是我国特有的树种,经济价值高,资源稀少,被国家有关部门定为二级珍贵保护树种。杜仲树又叫做"植物黄金",全身都是宝。

树皮入药强筋骨降血压,树叶可以为叶茶,表面黄绿色或黄褐色,微有光泽,气味微苦。生长最旺时,或在花蕾开放时,会散发气体,有益人体健康,保健价值极高,是植物养生的好树种。杜仲树适应性很强,对土壤没有严格的要求。从选苗开始,事先做好苗木质量的考察和筛选,选用移栽胸径6~35cm,长势旺盛而健壮,根系发达无病虫害的苗木,并保证苗木树形良好,共种植700余株。

▲ 杜仲树

▲ 杜仲树自然生长状态

种植时,采取小的树苗在开阔空间片栽,大的树苗在节点位置点栽、组团丛植,沿路列植,营造多样化的景观效果。同时,结合岛屿形态,注意杜仲树与其他植物选景的协调一致,栽植了石榴、桑树、柿树、枣树等果树。对具体节点位置的植物景观,全面考虑与湿地景观植物的季相和色、相、形统一,合理地布局配置了竹子、芦苇、香蒲等植物。通过布置不同的中层植物和地被来着重体现色、相、形的统一,形成葱郁的树林,在花草中间布置养生会所,具备植物养生特色,使荒凉的孤岛变成具有神秘幽静特色的自然生态养生基地。

七、科学种植苗木

实施苗木科学种植,按照植物生长发育的规律进行种植,有利于植物生长旺盛,减少病虫害,使植株健康,必须严格标准要求,规范种植和管理。

(一)苗木选择

严格按照施工图设计要求的规格选苗,苗木胸(地)径、冠幅、高度均应达到设计要求的规格,根系发达,生长苗壮,无检疫性病虫害等。起苗前将树枝捆好做好方向标志,对枯枝、病虫枝必须修剪。起苗时应加大土球尺寸,运输带土球树木时,绳束应托在土球下端,不可结在主干基部,更不得结在主干上,要轻吊轻放,不可拉拖。运输中需覆盖或包扎根部,防止根部失水,适时地进行喷水处理。到现场及时栽植,特殊原因不能立即栽植,要将苗木全部假植贮存或覆盖及时做好喷水处理。栽植前需加以检查,进行根部修剪,剪除伤根或过长根。如在运输中有损伤的树枝和树根必须加以修剪，大的修剪口应做防腐处理。

（二）苗木栽植

定位放线时必须有专业人员现场指挥、指导，充分领会设计意图，结合工程实际情况具体使用仪器测放法及目测法。控制配置密度，保持设计坡度，树木定点采用行列式和自然式种植的放线法，以绿地边界、人行道板的平面为依据量出每株树木的位置，做好标记。栽植乔木灌木的坑槽的直径比根系或土球直径大40cm。树坑的深度应与根系或土球直径相等，坑槽内土质不符合栽植条件要求必需更换。种植前对土壤进行勘探，化验理化性质和测定土壤肥力，对不宜树木生长的建筑弃土，或含有害成分的土壤必须进行客土置换，换上适应树木生长的种植土。施肥量应根据树木规格、土壤肥力、有机肥效高低等因素而定。

▲ 施工人员现场指挥栽植工作

（三）科学修剪、浇水、支撑

修剪要分步进行。首先把死枝、枯枝修剪掉。大乔木必须在确保冠幅、冠形的基础上科学修剪，去叶工作体现树木的原生态形状，严禁抽支柱、抹树

▲ 科学有效的树木支撑

头。对大枝的修剪伤口必须涂抹杀菌防腐剂处理，以形成良好的树势，促进有效生长。树栽植完应马上浇水，浇足浇透，水沉下后及时培土扶正。乔木栽植后必须搭支撑，防止摇动歪斜，以利成活。扶木的设置应科学合理，充分考虑浇水后树木的下沉。

（四）细致做好养护

施工企业要组建专业的养护队伍，按4000m²/人为标准配备专业技术人员。树木栽种结束，应进行病虫害防止一次，在盛夏及初秋病虫害高发季节，做到早发现、早防治。做好保湿、草绳保湿等，根据实际情况采取相应的遮阳措施。7～9月杂草进入旺盛生长时期与苗木争水争肥，必须及时进行松土除草。制定科学的养护管理制度，严格考核，定期检查，专人巡视及时处理病虫害的发生。

八、湿地生态系统正向演替良性发展

潘安湖采煤塌陷区由于原生地表的破坏，表层土松动变散，水分和养分流失，破坏了植物生境，植物生长不好。部分区域由于植物生境太差，植被生长势较弱，进而导致植物

景观价值不高。陆生植物保留着主要的木本植物毛白杨、旱柳、构树、臭椿、刺槐等，草本植物主要保留着一年蓬、艾蒿、牛膝、黄花蒿和狗尾草等，水生植物以芦苇为主，景观价值和生态价值较低。

历经两年多的人工湿地景观绿化建设，规划区域内的植被发生了颠覆性的改变，植物结构实现优化。潘安湖湿地景观绿化植物栽植主要为耐水乔木、本地乡土树种、灌木、水生植被四大类195种。其中乔木26种约8.8万株，本地乡土树种52种约2万株，灌木配置为82种12.8hm^2，水生植被配置35品种175hm^2。常绿及落叶乔约78种70.8万株，耐水乔木为主要以水杉、池杉、水垂柳、冰松为骨干树种，配以本地乡土树种乌桕、白蜡、合欢、大叶女贞、白榆、朴树等。水生植物芦苇、香蒲、菱角、红蓼、水葱、灯心草为核心骨干水生植被，占水生植物栽植量的80%以上，并按照湿生—挺水—浮叶—沉水植物的规律进行分层次配置。分布植物90科195属285种，其中乔木40科63属97种，灌木29科54属70种，草本植物24科58属73种，水生植物17科24属29种，藤本植物7科8属8种，竹类3属7种，详见表3-1～表3-6。生物多样性丰富，陆地乔木、灌木、地被相结合的复层群落结构已基本形成，从滨岸带到湖心，湿生植物、挺水植物、浮叶植物和沉水物的格局基本形成。

水生植物种类丰富，挺水植物芦苇、荷花、红蓼、香蒲，漂浮植物荇菜等已形成湿地植物景观。滨岸带野花植物群落丰富，能够形成独特的自然景观，促进了自然保育和保护乡土植物多样性，湿地生态系统处于正向演替的良性发展。

▲ 水生植物是维持生态平衡的重要一环

▲ "烟波浩渺"的水生植物

表3-1 潘安湖湿地乔木植物名录

序号	科	属	种	拉丁名
1	银杏科	银杏属	银杏	*Ginkgo biloba* Linn.
2	松科	雪松属	雪松	*Cedrus deodara* (Roxburgh) G. Don
3	松科	松属	五针松	*Pinus parviflora*
4	松科	松属	马尾松	*Pinus massoniana* Lamb.
5	松科	松属	湿地松	*Pinus elliottii* Engelmann
6	杉科	柳杉属	柳杉	*Cryptomeria japonica* var. *sinensis* Miquel
7	杉科	落羽杉属	落羽杉	*Taxodium distichum* (Linn.) Rich.

（续）

序号	科	属	种	拉丁名
8	杉科	落羽杉属	池杉	Taxodium ascendens Brongn
9	杉科	落羽杉属	中山杉	Taxodium 'Zhongshanshan'
10	杉科	水杉属	水杉	Metasequoia glyptostroboides Hu et W. C. Cheng
11	柏科	侧柏属	侧柏	Platycladus orientalis (Linn.) Franco
12	罗汉松科	罗汉松属	罗汉松	Podocarpus macrophyllus (Thunb.) Sweet
13	杨柳科	柳属	旱柳	Salix matsudana Koidz.
14	杨柳科	柳属	垂柳	Salix babylonica Linn.
15	杨柳科	柳属	大叶柳	Salix magnifica Hemsl.
16	桦木科	桦木属	白桦	Betula platyphylla Suk.
17	壳斗科	栎属	娜塔栎	Quercus nuttallii Palmer
18	榆科	榆属	榔榆	Ulmus parvifolia Jacq.
19	榆科	榆属	春榆	Ulmus davidiana var. japonica (Rehd.) Nakai
20	榆科	榆属	金叶榆	Ulmus pumila 'Jinye'
21	榆科	榉属	榉树	Zelkova serrata (Thunb.) Makino
22	榆科	朴属	朴树	Celtis sinensis Pers.
23	榆科	朴属	黑弹树（小叶朴）	Celtis bungeana Bl.
24	榆科	朴属	珊瑚朴	Celtis julianae Schneid
25	榆科	糙叶树属	糙叶树（沙朴）	Aphananthe aspera (Thunb.) Planch.
26	桑科	桑属	桑树	Morus alba L
27	桑科	构属	构树	Broussonetia papyrifera (Linn.) L'Hér. ex Vent.
28	木兰科	木兰属	白玉兰	Magnolia heptapeta (Buchoz) Dandy
29	木兰科	木兰属	广玉兰	Magnolia grandiflora Linn.
30	木兰科	玉兰属	望春玉兰	Yulania biondii (Pamp.) D. L. Fu
31	木兰科	鹅掌楸属	马褂木	Liriodendron chinense（Hemsl.）Sarg
32	樟科	樟属	香樟	Cinnamomum camphora (Linn.) Presl.
33	金缕梅科	枫香属	枫香	Liquidambar formosana Hance
34	金缕梅科	枫香属	北美枫香	Liquidambar styraciflua L.
35	杜仲科	杜仲属	杜仲	Eucommia ulmoides Oliver
36	悬铃木科	悬铃木属	悬铃木	Platanus orientalis Linn.
37	蔷薇科	山楂属	山楂	Crataegus pinnatifida Bge.
38	蔷薇科	枇杷属	枇杷	Eriobotrya japonica (Thunb.) Lindl.

（续）

序号	科	属	种	拉丁名
39	蔷薇科	石楠属	石楠	*Photinia serrulata* Lindl.
40	蔷薇科	木瓜属	木瓜	*Chaenomeles sinensis* (Thouin) Koehne
41	蔷薇科	苹果属	梨花海棠	*Malus spectabilis* (Ait.) Borkh.
42	蔷薇科	苹果属	西府海棠	*Malus micromalus* Makino.
43	蔷薇科	苹果属	垂丝海棠	*Malus halliana* Koehne
44	蔷薇科	梨属	梨树	*Pyrus bretschneideri* Rehd.
45	蔷薇科	梨属	棠梨	*Pyrus calleryana* Decne.
46	蔷薇科	梅属	红叶李	*Prunus cerasifera* Ehrhart f. *atropurpurea* (Jacq.) Rehd.
47	蔷薇科	梅属	杏树	*Armeniaca vulgaris* Lam.
48	蔷薇科	梅属	桃树	*Amygdalus persica* Linn.
49	蔷薇科	梅属	碧桃	*Amygdalus persica* Linn. var. *persica* f. *duplex* Rehd.
50	蔷薇科	梅属	紫叶桃	*Amygdalus persica* 'Zi Ye Tao'
51	蔷薇科	梅属	樱花	*Cerasus yedoensis* Yu et Li
52	蔷薇科	梅属	日本晚樱	*Cerasus serrulata* (Lindl.) London var. *lannesiana* (Carri.) Makino
53	豆科	合欢属	合欢	*Albizia julibrissin* Durazz.
54	豆科	皂荚属	皂荚树	*Gleditsia sinensis* Lam.
55	豆科	刺槐属	刺槐	*Robinia pseudoacacia* Linn.
56	豆科	槐属	国槐	*Sophora japonica* Linn.
57	豆科	槐属	龙爪槐	*Sophora japonica* Linn. var. *japonica* f. *pendula* Hort.
58	豆科	槐属	黄金槐	*Sophora japonica* var. *golden* Stem
59	楝科	楝属	苦楝	*Melia azedarace* Linn.
60	楝科	香椿属	香椿	*Toona sinensis* (A. Juss.) Roem.
61	大戟科	重阳木属	重阳木	*Bischofia polycarpa* (Levl.) Airy Shaw
62	大戟科	乌桕属	乌桕	*Sapium sebiferum* (Linn.) Roxb.
63	漆树科	黄连木属	黄连木	*Pistacia chinensis* Bunge
64	冬青科	冬青属	冬青	*Ilex chinensis* Sims
65	卫矛科	卫矛属	丝绵木	*Nymus bungeanus* Maxim
66	槭树科	槭树属	五角枫	*Acer mono* Maxim.
67	槭树科	槭树属	三角枫	*Acer buergerianum* Miq.
68	槭树科	槭树属	鸡爪槭	*Acer palmatum* Thunb
69	槭树科	槭树属	红枫	*Acer palmatum* Thunb. f. *atropurpureum* (Van Houtte) Schwer.

（续）

序号	科	属	种	拉丁名
70	槭树科	槭树属	樟叶槭	Acer cinnamomifolium
71	七叶树科	七叶树属	七叶树	Aesculus chinensis Bunge
72	无患子科	栾树属	复羽叶栾树	Koelreuteria bipinnata Franch.
73	无患子科	无患子属	无患子	Sapindus mukorossi Gaertn.
74	鼠李科	枳椇属	北枳椇（拐枣）	Hovenia dulcis Thunb.
75	鼠李科	枣属	枣树	Ziziphus jujuba Mill.
76	梧桐科	梧桐属	梧桐（青桐）	Firmiana simplex (Linnaeus) W. Wight
77	柽柳科	柽柳属	柽柳	Tamarix chinensis Lour.
78	石榴科	石榴属	石榴	Punica granatum Linn.
79	珙桐科	紫树属	美国水紫树	Nyssa aquatica L.
80	桃金娘科	蒲桃属	丁香	Syzygium aromaticum (L.) Mer.et Perry
81	山茱萸科	梾木属	灯台树	Cornus controversa Hemsley
82	山茱萸科	梾木属	毛梾	Cornus walteri Wangerin
83	柿科	柿属	柿树	Diospyros kaki Thunb.
84	安息香科	秤锤树属	秤锤树	Sinojackia xylocarpa Hu
85	木犀科	白蜡树属	白蜡	Fraxinus chinensis Roxb
86	木犀科	白蜡树属	洋白蜡	Fraxinus pennsylvanica Marsh.
87	木犀科	白蜡树属	光蜡树	Fraxinus griffithii C. B. Clarke
88	木犀科	流苏树属	流苏树	Chionanthus retusus Lindl. et Paxt.
89	木犀科	女贞属	女贞	Ligustrum lucidum Ait.
90	木犀科	木犀属	桂花	Osmanthus fragrans (Thunb.) Lour.
91	木犀科	木犀属	金桂	Sweet Tea Olive.
92	玄参科	泡桐属	泡桐	Paulowinia fortunei(seem.)Hemsl.
93	紫葳科	梓树属	楸树	Catalpa bungei C.A.Mey
94	紫葳科	梓树属	黄金树	Catalpa speciosa (Warder et Barney) Engelmann
95	棕榈科	棕榈属	棕榈	Trachycarpus fortunei (Hook.) H. Wendl.
96	大风子科	柞木属	柞木	Xylosma congesta (Loureiro) Merrill
97	省沽油科	瘿椒树属	瘿椒树（银鹊树）	Tapiscia sinensis Oliv.

表3-2 潘安湖湿地灌木植物名录

序号	科	属	种	拉丁名
1	柏科	圆柏属	铺地柏	*Sabina procumbens* (Endl.) Iwata et Kusaka
2	杨柳科	柳属	彩叶杞柳	*Salix integra* 'Hakuro Nishiki'
3	小檗科	小檗属	紫叶小檗	*Berberis thunbergii* var. *atropurpurea* Chenault
4	小檗科	十大功劳属	十大功劳	*Mahonia fortunei* (Lindl.) Fedde
5	小檗科	十大功劳属	阔叶十大功劳	*Mahonia bealei* (Fort.) Carr.
6	小檗科	南天竹属	南天竹	*Nandina domestica* Thunb.
7	蜡梅科	蜡梅属	蜡梅	*Chimonanthus praecox* (Linn.)Link
8	海桐科	海桐属	海桐	*Pittosporum tobira* (Thunb.) Ait.
9	蔷薇科	绣线菊属	珍珠绣线菊	*Spiraea thunbergii* Sieb .ex Blune
10	蔷薇科	绣线菊属	麻叶绣线菊	*Spiraea cantoniensis* Lour.
11	蔷薇科	绣线菊属	金焰绣线菊	*Spiraea* x *bumalda* 'Gold Flame'
12	蔷薇科	风箱果属	紫叶风箱果	*Physocarpus opulifolius* 'Summer Wine'
13	蔷薇科	珍珠梅属	珍珠梅	*Sorbaria sorbifolia* (Linn.) A. Br.
14	蔷薇科	火棘属	小丑火棘	*Pyracantha fortuneana* 'Harlequin'
15	蔷薇科	石楠属	红叶石楠	*Photinia* × *fraseri* Dress
16	蔷薇科	木瓜属	沂州海棠	*Chaenomeles* 'Yizhou'
17	蔷薇科	蔷薇属	野蔷薇	*Rosa multifolora* Thunb
18	蔷薇科	棣棠属	棣棠	*Kerria japonica*
19	蔷薇科	梅属	榆叶梅	*Amygdalus triloba* (Lindl.) Ricker
20	蔷薇科	梅属	郁李	*Cerasus japonica* (Thunb.) Lois.
21	豆科	紫荆属	紫荆	*Cercis gigantean* Pampan
22	豆科	决明属	伞房决明	*Senna corymbosa* (Lam.)H. S. Irwin et Barneby
23	豆科	胡枝子属	中华胡枝子	*Lespedeza bicolor* Turcz.
24	黄杨科	黄杨属	瓜子黄杨	*Buxus sinica* (Rehd. et Wils.) Cheng
25	黄杨科	黄杨属	金边黄杨	*Euonymus japonicus* var. *aurea-marginatus* Hort.
26	冬青科	冬青属	构骨	*Ilex cornuta* Lindl. et Paxt.
27	冬青科	冬青属	无刺构骨	*Ilex cornuta* var. EortunDi
28	卫矛科	卫矛属	扶芳藤	*Euonymus fortunei* (Turcz.) Hand.-Mazz.
29	卫矛科	卫矛属	卫矛	*Euonymus alatus* (Thunb.) Sieb.
30	槭树科	槭树属	羽毛枫	*Acer palmatum* Thunb. var. *dissectum* (Thunb.) K. Koch
31	无患子科	文冠果属	文冠果	*Xanthoceras sorbifolium* Bunge

（续）

序号	科	属	种	拉丁名
32	锦葵科	木槿属	木槿	*Hibiscus syriacus* Linn.
33	锦葵科	木槿属	木芙蓉	*Hibiscus mutabilis* Linn
34	山茶科	山茶属	山茶	*Camellia japonica* Linn.
35	山茶科	柃木属	滨柃	*Eurya emarginata* (Thunb.) Makino
36	瑞香科	结香属	结香	*Edgeworthia chrysantha* Lindl.
37	胡颓子科	胡颓子属	胡颓子	*Elaeagnus pungens* Thunb.
38	千屈菜科	紫薇属	丛生紫薇	*Wisteria sinensis* (Sims) Sweet
39	桃金娘科	红千层属	红千层	*Callistemon rigidus* R.
40	桃金娘科	香桃木属	香桃木	*Myrtus communis* Linn.
41	五加科	八角金盘属	八角金盘	*Fatsia japonica* (Thunb.) Decne. et Planch.
42	山茱萸科	梾木属	红瑞木	*Swida alba* Opiz
43	山茱萸科	桃叶珊瑚属	洒金珊瑚	*Aucuba japonica* var. *variegata*
44	杜鹃花科	杜鹃花属	毛杜鹃	*Rhododendron mucronatum* (Blume)G.Don
45	木犀科	连翘属	金钟	*Forsythia viridissima* Lindl.
46	木犀科	女贞属	小蜡	*Ligustrum sinense* Lour.
47	木犀科	女贞属	小叶女贞	*Ligustrum quihoui* Carr.
48	木犀科	女贞属	银霜女贞	*Ligustrum japonicum* 'Jack Frost'
49	木犀科	女贞属	银姬小蜡	*Ligustrum sinense* 'Variegatum'
50	木犀科	女贞属	金森女贞	*Ligustrum japonicum* ' Howardii'
51	木犀科	茉莉属	迎春	*Jasminum nudiflorum* Lindl.
52	夹竹桃科	夹竹桃属	夹竹桃	*Nerium indicum* Mill.
53	马鞭草科	赪桐属	海州常山	*Clerodendrum trichotomum* Thunb.
54	马鞭草科	牡荆属	单叶蔓荆	*Vitex rotundifolia* Linnaeus f.
55	茄科	枸杞属	枸杞	*Lycium chinense* Miller
56	茜草科	栀子属	大叶栀子	*Gardenia jasminoides* Ellis var.*grandiflora* Nakai.
57	茜草科	六月雪属	六月雪	*Serissa japonica* (Thunb.) Nov. Gen.
58	茜草科	水团花属	水杨梅	*Geum aleppicum* Jacq.
59	忍冬科	锦带花属	红王子锦带	*Weigela florida* 'Red Prince'
60	忍冬科	锦带花属	花叶锦带	*Weigela florida* (Bunge.) A. DC.
61	忍冬科	六道木属	六道木	*Zabelia biflora* (Turcz.) Makino
62	忍冬科	忍冬属	蓝叶忍冬	*Lonicera korolkowi*
63	忍冬科	忍冬属	下江忍冬	*Lonicera modesta*

(续)

序号	科	属	种	拉丁名
64	忍冬科	忍冬属	匍枝亮绿忍冬	*Lonicera nitida* 'Maigrun'
65	忍冬科	接骨木属	接骨木	*Sambucus williamsii* Hance
66	忍冬科	荚蒾属	珊瑚树	*Viburnum odoratissimum* Ker-Gawl. var. *awabuki* (K. Koch) Zabel ex Rumpl.
67	忍冬科	荚蒾属	琼花（木绣球）	*Viburnum macrocephalum* Fort. f. *keteleeri* (Carrière) Rehder
68	唇形科	石蚕属	水果蓝	*Teucrium fruticans*
69	唇形科	迷迭香属	迷迭香	*Rosmarinus officinalis* Linn.
70	紫茉莉科	叶子花属	光叶子花	*Bougainvillea glabra* Choisy

表3-3 潘安湖湿地草本植物名录

序号	科	属	种	拉丁名
1	桑科	葎草属	葎草	*Humulus scandens* (Lour.) Merr.
2	蔷薇科	蛇莓属	蛇莓	*Duchesnea indica* (Andr.) Focke
3	豆科	车轴草属	白车轴草	*Trifolium repens* L.
4	锦葵科	木槿属	芙蓉葵	*Hibiscus moscheutos* L.
5	锦葵科	秋葵属	黄秋葵	*Abelmoschus manihot* (L.) Medicus
6	锦葵科	锦葵属	锦葵	*Malva cathayensis* M. G. Gilbert, Y. Tang & Dorr
7	马鞭草科	马鞭草属	柳叶马鞭草	*Verbena bonariensis* L.
8	马鞭草科	马鞭草属	美女樱	*Verbena hybrida* Voss
9	茄科	矮牵牛属	碧冬茄（矮牵牛）	*Petunia* × *hybrida*
10	禾本科	蒲苇属	蒲苇	*Cortaderia selloana* (Schult.) Aschers. et Graebn.
11	禾本科	蒲苇属	矮蒲苇	*Cortader ia selloana* Pumila
12	禾本科	芒属	斑叶芒	*Miscanthus sinensis* 'Zebrinus'
13	禾本科	芒属	细叶芒	*Miscanthus sinensis* 'Gracillimus'
14	禾本科	狼尾草属	狼尾草	*Pennisetum alopecuroides* (L.) Spreng.
15	禾本科	狼尾草属	紫叶狼尾草	*Pennisetum setaceum* 'Rubrum'
16	禾本科	狼尾草属	小兔子狼尾草	*Pennisetum alopecuroides* 'Little Bunny'
17	禾本科	画眉草属	知风草	*Eragrostis ferruginea* (Thunb.) Beauv.
18	禾本科	北美穗草属	小盼草	*Chasmanthium latifolium* (Michx.) H. O. Yates
19	天门冬科	玉簪属	玉簪	*Hosta plantaginea* (Lam.) Aschers.

（续）

序号	科	属	种	拉丁名
20	天门冬科	玉簪属	花叶玉簪	Hosta undulata Bailey
21	阿福花科	萱草属	萱草	Hemerocallis fulva (L.) L.
22	阿福花科	火把莲属	火炬花	Kniphofia uvaria (L.) Oken
23	天门冬科	沿阶草属	沿阶草	Ophiopogon bodinieri Levl.
24	天门冬科	沿阶草属	麦冬	Ophiopogon japonicus (L. f.) Ker-Gawl.
25	天门冬科	山麦冬属	金边麦冬	Liriope muscari 'Variegata'
26	天门冬科	山麦冬属	阔叶麦冬	Liriope muscari (Decaisne) L. H. Bailey
27	天门冬科	山麦冬属	兰花三七（浙江山麦冬）	Liriope zhejiangensis G. H. Xia & G. Y. Li
28	天门冬科	吉祥草属	吉祥草	Reineckea carnea (Andrews) Kunth
29	唇形科	鼠尾草属	天蓝鼠尾草	Salvia uliginosa Benth.
30	唇形科	鼠尾草属	一串红	Salvia splendens Ker-Gawler
31	唇形科	筋骨草属	多花筋骨草	Ajuga multiflora Bunge
32	芭蕉科	地涌金莲属	地涌金莲	Musella lasiocarpa (Franchet) C. Y. Wu ex H. W. Li
33	车前科	车前属	平车前	Plantago depressa Willd.
34	凤仙花科	凤仙花属	凤仙花	Impatiens balsamina L.
35	花荵科	福禄考属	针叶天蓝绣球	Phlox subulata L.
36	景天科	费菜属	费菜	Phedimus aizoon (Linnaeus) 't Hart
37	景天科	八宝属	长药八宝（八宝景天）	Hylotelephium spectabile (Bor.) H. Ohba
38	桔梗科	桔梗属	桔梗	Platycodon grandiflorus (Jacq.) A. DC.
39	菊科	菊属	地被菊	Chrysanthemum × morifolium Ramat.
40	菊科	蒿属	艾	Artemisia argyi Lévl. et Van.
41	菊科	秋英属	秋英（波斯菊）	Cosmos bipinnatus Cavanilles
42	菊科	滨菊属	大滨菊	Leucanthemum maximum (Ramood) DC.
43	菊科	紫菀属	荷兰菊	Aster novi-belgii
44	菊科	亚菊属	亚菊	Ajania pallasiana (Fisch. ex Bess.) Poljak.
45	菊科	金鸡菊属	金鸡菊	Coreopsis basalis (A. Dietr.) S. F. Blake
46	菊科	金光菊属	黑心金光菊	Rudbeckia hirta L.
47	菊科	黄蓉菊属	黄金菊	Euryops pectinatus (L.) Cass.
48	菊科	鬼针草属	鬼针草	Bidens pilosa L.
49	菊科	向日葵属	向日葵	Helianthus annuus L.

（续）

序号	科	属	种	拉丁名
50	菊科	飞蓬属	小蓬草（小飞蓬）	*Erigeron canadensis* L.
51	菊科	千里光属	细裂银叶菊	*Senecio cineraria* 'Silver Dust'
52	菊科	万寿菊属	万寿菊	*Tagetes erecta* L.
53	菊科	蛇鞭菊属	蛇鞭菊	*Liatris spicata*
54	菊科	松果菊属	松果菊	*Echinacea purpurea*
55	菊科	天人菊属	天人菊	*Gaillardia pulchella* Foug.
56	菊科	蛇目菊属	蛇目菊	*Sanvitalia procumbens* Lam.
57	菊科	大吴风草属	大吴风草	*Farfugium japonicum* (L. f.) Kitam.
58	柳叶菜科	山桃草属	紫叶千鸟花	*Gaura lindheimeri* 'Crimson Bunny'
59	柳叶菜科	月见草属	美丽月见草	*Oenothera speciosa*
60	柳叶菜科	山桃草属	山桃草	*Gaura lindheimeri* Engelm. et Gray
61	商陆科	商陆属	商陆	*Phytolacca acinosa* Roxb.
62	石蒜科	紫娇花属	紫娇花	*Tulbaghia violacea* Harv.
63	石蒜科	百子莲属	百子莲	*Agapanthus africanus* Hoffmgg.
64	石蒜科	葱莲属	葱莲	*Zephyranthes candida* (Lindl.) Herb.
65	石蒜科	石蒜属	石蒜	*Lycoris radiata* (L' Her.) Herb.
66	石竹科	石竹属	石竹	*Dianthus chinensis* L.
67	苋科	莲子草属	喜旱莲子草（空心莲子草）	*Alternanthera philoxeroides* (Mart.) Griseb.
68	鸭跖草科	紫露草属	紫露草	*Tradescantia ohiensis* Raf.
69	鸢尾科	射干属	射干	*Belamcanda chinensis* (L.) Redouté
70	酢浆草科	酢浆草属	红花酢浆草	*Oxalis corymbosa* DC.
71	美人蕉科	美人蕉属	美人蕉	*Canna indica* L.
72	玄参科	醉鱼草属	醉鱼草	*Buddleja lindleyana* Fort.
73	玄参科	醉鱼草属	大叶醉鱼草	*Buddleja davidii* Fr.

表3-4 潘安湖湿地水生植物名录

序号	科	属	种	拉丁名
1	千屈菜科	千屈菜属	千屈菜	*Lythrum salicaria* Linn.
2	禾本科	芦苇属	芦苇	*Phragmites australis* (Cav.) Trin. ex Steud.
3	禾本科	芦竹属	芦竹	*Arundo donax* Linn.
4	禾本科	芦竹属	花叶芦竹	*Arundo donax* Linn var. *versicolor* Stokes

(续)

序号	科	属	种	拉丁名
5	禾本科	荻属	荻花	Triarrhena sacchariflora (Maxim.) Nakai
6	禾本科	菰属	菰（茭白）	Zizania latifolia (Griseb.) Stapf
7	苋科	莲子草属	喜旱莲子草（空心莲子草）	Alternanthera philoxeroides (Mart.) Griseb.
8	鸢尾科	鸢尾属	黄菖蒲	Iris pseudacorus Linn.
9	金鱼藻科	金鱼藻属	金鱼藻	Ceratophyllum demersum Linn.
10	小二仙草科	狐尾藻属	狐尾藻	Myriophyllum verticillatum Linn.
11	水鳖科	伊乐藻属	伊乐藻	Elodea canadensis Michx.
12	眼子菜科	眼子菜属	菹草	Potamogeton crispus Linn.
13	泽泻科	泽泻属	泽泻	Alisma plantago-aquatica Linn.
14	泽泻科	泽泻属	慈姑	Sagittaria trifolia Linn. var. sinensis (Sims) Makino
15	泽泻科	泽苔草属	泽苔草	Caldesia parnassifolia (Bassi ex L.) Par.
16	睡莲科	睡莲属	睡莲	Nymphaea tetragona Georgi
17	睡莲科	莲属	莲（荷花）	Nelumbo nucifera Gaertn
18	雨久花科	雨久花属	鸭舌草	Monochoria vaginalis (Burm. F.) Presl ex Kunth
19	雨久花科	凤眼蓝属	（凤眼蓝）凤眼莲	Eichhornia crassipes (Mart.) Solme
20	伞形科	水芹菜属	水芹	Oenanthe javanica (Bl.) DC.
21	五加科	天胡荽属	野天胡荽（铜钱草）	Hydrocotyle vulgaris L.
22	花蔺科	花蔺属	花蔺	Butomus umbellatus L.
23	香蒲科	香蒲属	水烛	Typha angustifolia Linn.
24	香蒲科	香蒲属	小香蒲	Typha minima Funk
25	香蒲科	香蒲属	香蒲	Typha orientalis Presl
26	天南星科	菖蒲属	菖蒲	Acorus calamus Linn.
27	莎草科	藨草属	水葱	Scirpus validus Vahl
28	莎草科	莎草属	水莎草	Cyperus serotinus Rottb.
29	竹芋科	再力花属	再力花	Thalia dealbata Fraser

表3-5 潘安湖湿地藤本植物名录

序号	科	属	种	拉丁名
1	豆科	紫藤属	紫藤	*Wisteria sinensis* (Sims) Sweet
2	豆科	山黧豆属	香豌豆	*Lathyrus odoratus* L.
3	蔷薇科	蔷薇属	蔷薇	*Rosa multiflora* Thunb.
4	紫葳科	凌霄属	凌霄	*Campsis grandiflora* (Thunb.) Schum.
5	忍冬科	忍冬属	金银花	*Lonicera Japonica* Thunb.
6	旋花科	牵牛属	圆叶牵牛花	*Ipomoea purpurea* L.
7	夹竹桃科	络石属	络石	*Trachelospermum jasminoides* (Lindl.) Lem.
8	五加科	常春藤属	常春藤	*Hedera nepalensis* K. Koch var.*sinensis* (Tobl.) Rehd.

表3-6 潘安湖湿地竹类植物名录

序号	科	属	种	拉丁名
1	禾本科	刚竹属	毛竹	*Phyllostachys edulis* (Carriere) J. Houzeau
2	禾本科	刚竹属	刚竹	*Phyllostachys viridis*
3	禾本科	刚竹属	淡竹	*Phyllostachys glauca* McClure
4	禾本科	刚竹属	龟甲竹	*Phyllostachys edulis* 'Heterocycla'
5	禾本科	簕竹属	孝顺竹（慈孝竹）	*Bambusa multiplex* (Lour.) Raeuschel ex J. A. et J. H. Schult.
6	禾本科	簕竹属	凤尾竹	*Bambusa multiplex* f. *fernleaf* (R. A. Young) T. P. Yi
7	禾本科	箬竹属	阔叶箬竹	*Indocalamus latifolius* (Keng) McClure

第四章
筑梦于传统的建筑与设施建造

第一节 功能性建筑对湿地景观点缀塑造

潘安湖湿地核心区功能性建筑包括游客服务中心、会务中心、商业服务中心、快捷宾馆、餐饮娱乐中心、农家乐等，总建筑面积39533m^2，建筑层次以二三层为主，平面布置以园林式布局，与水面、岛屿有机结合，建筑风格采用徐州传统的民居形式，建筑色彩以灰白为主色调，与周边湿地环境融为一体，是湿地景观的重要组成部分，对整个湿地景观起到了点缀衬托作用，也为湿地中的游人提供了休息、文化休闲活动，以及其他服务等各方面的作用。所以，功能性建筑的好坏，决定了湿地景观在整体上的布局和整体给游人的视觉感受，还影响着潘安湖文化底蕴的体现。

功能性建筑以传统建筑设计为原则，将一砖一瓦，一楼一阁精细的建筑物融于整体湿地景观中。同时，注重藏景遮景建筑设计运用，不追求规模和体积，注意与周边湿地环境的协调，重视植物造景作用，合理运用建筑造景进行湿地景观的点缀，并且通过对功能性建筑位置、布局、色彩以及外立面造型等方面的巧妙设计，实现了湿地景观的最佳观赏效果，避免过分装饰，喧宾夺主。

对不同类型的功能性建筑坚持不同的设计原则。不同的功能性建筑类型有不同的使用功能以及观赏功能，出于对不同功能性建筑不同功能的充分考虑，坚持经济实用、美观大方、人文历史以及安全可靠等设计理念，使功能性建筑成为游人游玩湿地过程中重要的游览和休憩住宿场所，既满足了整体湿地景观要求，又注重了实用功能的需要。

注重因地制宜，寻找湿地环境和功能性建筑的最美契合点。功能性建筑的布局设计营造出移步易景的动态观赏效果，一步一景有着导向性的作用，形成一系列巧妙的空间变化，结合不同的山石、花木和湿地水体，使湿地景观分成不同空间层次，使功能性建筑融入到自然生态的湿地氛围中。

●**农家小院** 位于湿地园区西侧，占地面积约32321m^2。设计从规划、景观、建筑三个方向进行精心布置，形成具有徐州传统农村的味道。农家小院设计安排13户独门独院，每户面积有大有小，总建筑面积约7296m^2。总体布局上围绕入口处接待中心和鱼塘为核心，通过面积不同的农家小院相互间的错落布局，从而形成有机传统村落的意象。建筑有一层，又有两层，从而丰富了天际线。沿西侧利大路景观富有变化，进入接待中心既有接待服务的功能，又有提供游客用餐的场所。

▲ 神农庄园农家小院　　　　　　　　　▲ 神农庄园农家小院内景

● **游客服务中心**　正对湿地公园主入口。功能有三部分组成，一部分是针对游客，建筑面积1103m²，高两层；一部分是园区物业管理办公用房，建筑面积约1579m²，高三层；另一部分是大餐厅，建筑面积1603m²，高两层，其后有两层包房楼，以满足不同游客用餐要求。作为进入湿地公园后第一幢建筑，力求提供亲切的环境。三层的物业大楼，二层的服务办公楼，一层的餐饮大厅主体，形成了建筑体型的变化，为全园中最重要的建筑景观，体量适中，空间环境开阔，临水一侧，水面开阔，景色优美。

● **快捷酒店**　位于游客服务中心东侧，总建筑面积约5586m²，高二层，拥有64间标准客房。

建筑采用组群方式，围绕内院布置一幢幢独立的建筑，通过连廊连通，使得建筑整体体量变小，以减少对周围环境的影响。主入口位于中间，正对主入口是一层高的接待大厅，左侧为一层的多功能厅，其西侧为一层的后勤中心。接待大厅东侧为二层的住宿楼，标准客房宽4.2m，进深9m，面积38m²，一层客房数35间，二层29间。建筑总体功能分区明确，动静区清晰，形体起伏变化，小尺度体量呼应了传统。在北侧主体楼设有景观登高塔，登高远望，整个湿地园区尽收眼底。

▲ 湿地假日酒店鸟瞰图　　　　　　　　▲ 湿地公园会务中心

● **会务中心**　是湿地中央景观大道的终点。总建筑面积为5877m²。地上两层。建筑分为主楼和容纳300人的会议室两部分，二者之间有过街天桥。车行出入口由北侧环岛路接入，建筑东侧设有停车场。停车场有直通主楼的出入口，可满足客人和后勤出行的交通需要。主楼设有7个会议室和4个小会议室。大厅呈十字形，南北向为交通性，可引向北侧大会议室；东西向解决主楼内部交通。会议室入口位于环岛路北侧。会议室伸入水面，形态优美，会议室宽22.6m，进深30m，会议室外墙面覆以传统木饰面板，观众厅后部设有夹层，内设音控室、放映室、同声翻译间。从主楼来的人流可通过过街天桥直达会议室中部的楼梯间，直接进入会议室；也可以选择向上或向下进入前后厅而进入会议室。从水上游览湿地观会务中心主楼，处于阳光之中，在湖面影造下，光彩多变。

▲ 湿地公园商业街航拍图

● **商业街服务区** 位于会务中心东侧，沿环岛路展开。建筑从湿地中央景观大道引入一条步行道，使得建筑形成两条商业街。

总建筑面积6457m²，地上二层。一层建筑4646m²，二层1811m²。北侧设有游船码头，是湿地水上游玩的主岛码头。在该区域设置了330m²的游船售票处和游客大厅、公共卫生间。并在入口处设置一座牌楼作为地标性建筑，端部设一照壁作为轴线收头。在东侧入口处，沿着环岛路设置了三座并行牌楼，积聚气势。商业街建筑一层和二层间隔，在十字交叉处形成放大的空间，并作为码头的前奏。商业建筑层设有柱廊，可起防风挡雨作用，使得游客在任何时候都可以自由购物。

● **潘安古村**——位于湖心岛上，周围为生态湿地景观，总建筑面积约为214800m²。北侧有古村出入口，由一座桥将人流引入，西侧有一座水神庙，用水上廊桥与之相连。潘安古村为整体湿地游览的第一大岛，主要绿化树种为桃树、杏树、石榴、竹子、桂花及本地古树等。以展现"潘安"两千年历史文化底蕴为依托，形成古色古香底蕴深厚的潘安古街、古庙和潘安石井

▲ 潘安古村

文化。岛上建设古塔、戏楼、茶楼、民居等，错落有致，形态多样。生活设施齐全，古木交柯，桂香四溢，形成集参观、休闲、餐饮、居住于一体的，具有"潘安"文化，古木葱茏的潘安古村。

第二节 湿地景观小品点睛之妙

潘安湖湿地景观小品包括建筑小品、人物雕塑小品、设施小品，以及刻字石碑、观赏石、花坛等，为湿地景观提供了必要的欣赏价值和休闲娱乐价值，文化气息厚重，具有地方文化特色，使湿地景观环境更加优美、舒心。

湿地景观小品和整个湿地景观环境巧妙地结合。无论是小品的造型还是图案与周边环境都能相互协调，尤其在摆放位置、材料大小、颜色以及体量等都经过详细的分析研究和考虑，使其具有更好的协调性和完整性。整个景观小品的风格和理念与场地契合，设计具有层次感，并作为主导在湿地景观中起到画龙点睛的作用。

湿地景观小品反映了潘安湖自然和社会文化地域特征。并与湿地每个园区风貌特色协

调一致，在满足游客审美和实用需求同时，以表面的塑造而传递给人们隐含的艺术意境和文化内涵，避免了湿地景观千篇一律、景色特点千城一面的感受。

湿地景观小品与湿地植物配置上相互衬托，又突出区域主题内容，巧于立意。拓展了湿地景观的外延美色，扩展了湿地景观深意，增加湿地意境，为游人提供了一个景色秀美，意境深远，恬静舒适的游览体验环境。

湿地景观小品作为湿地建设中不可缺少的要素，它的存在使湿地景观充满活力和生机，并重新赋予湿地新的涵义。其中，水车、吊脚楼、砖窑、四合院等更具代表性，更好直观的诠释了在湿地中的作用。

●**水车**　中国自古以来以农业立国，与农业相关的科学技术取得了卓越成就。其中引水灌溉的农具水车，就属于反映了中国人善用其智慧的发明。规划建设在东侧湿地南岸——古老的水车，直径4～7m，远处眺望，让感觉感官激发了人的审美情趣，吸引游人的眼睛，渲染了湿地环境气氛，增添了空间情趣，它像湿地广阔的水面上突出的浓翠鲜艳的绿叶闪烁在湿地景观中，衬托着湿地主体景观，给了湿地最美的诗意。

为了不使水车过于单调，在水车的旁边配以1.5～2m宽的水上栈道和平台，供游人观赏和摄影留念。

●**吊脚楼**　吊脚楼是中国西南地区的古老建筑，最原始的雏形是一种栅栏式民居。规划建设在东侧湿地东北角，是池杉林湿地拐弯处。它邻水而立，依池杉而筑，采集青山绿水灵气，与大自然浑然一体。

▲　水车

▲　吊脚楼

泛舟静静流淌的水面，欣赏岸边错落有致的吊脚楼，每个游人心里都会生出莫名的感动，这是人类和大自然和谐相处而创造的杰作，时代赋予了丰富的人文内涵和浓厚的历史气息。吊脚楼是建筑群中小家碧玉，小巧精致，清秀端庄，其形态、风格、色彩构成湿地文化特色和个性古朴之中呈现出契合自然的美丽，吊脚楼与周围植物配置相一致，搭配得当，具有画龙点睛的作用。

●**砖窑**　记忆里的红砖窑，建在东侧湿地北河道边的芦苇荡中，袅袅升起的灰烟，曾代表着砖窑的繁盛，它是潘安湖区域传统产业的象征，也是一个时代的象征。曾几何时，高耸的烟囱、粗壮的双手、弯曲的脊梁和红色的砖块，代表着一个时代，已经成为历史的记忆。如今规划建设的砖窑作为砖窑文化记忆的符号，从而激起人们对过去生活的感慨。

在砖窑周边规划建设了广场和雕塑，主要表现砖窑工人辛勤劳作场景，讲述着过去窑工的工作状态。通过雕塑的渲染，使游人找到一份"砖"情回味，搭起了人们了解砖窑文化的一座桥梁，提供一个有历史文化内涵的知性空间。浓浓的旧时氛围，让新一代人了解过去传统产业的片段，内心产生一种与传统文化相呼应的共鸣。

●**池亮清风** 一个典型的四合院，位于东侧池杉林水际岸边，在杉景清风、花间林下，布置古朴的四合院，白墙灰瓦，还有那富有乡土气息的石磨盘，创造一个优美的景气。

▲ 砖窑及雕塑效果图

一道带有漏窗的曲折围墙，使人顿生曲径通幽之感，进入院中，它是一个令人忘俗的所在，没有一丝喧嚣与浮华，身临其境，俗世的烦恼会烟消云散，散发着生命的真纯。面对城市的奢华和浮躁，在这里能感受到"天人合一"的美妙境界，蓦然间，分不清是梦境还是现实。

▲ 四合院

第三节　公共基础设施交叉施工管控

潘安湖采煤塌陷区地质状况不好，部分未沉稳，个别地块地基沉降不均。在此建设公共基础设施，施工难度大，技术标准要求高，关乎质量，是百年大计。

潘安湖园区公共基础包括主道路、环湖路、环岛路、游步道、木栈道、航道6个支项，涉及12个码头、8个大型停车场建设。各种排水、供水、供气、污水、强电、弱电管网60km。桥梁24座，其中有9座为拱桥。广场有主入口和民俗广场2个。工程内容众多，加之景观绿化、建筑、装饰等施工队伍30余家，在同一个施工区域工作，是集多专业、多工种、多单位密切配合，共同制造的智慧结晶。为保质、保量如期完工，施工交叉的协调管理不容忽视。只有建立科学管理，运用有效的管理手段，解决多工种交叉施工中存在的问题，才能够全面提高施工管理水平，保证工程建设质量，确保工程的顺利完成。

▲ 潘安湖采煤塌陷地湿地公园道路

▲ 景观桥

▲ 木栈道

▲ 游船码头

一、合同协调

合同管理是交叉施工管理的前提保证。目前,公共基础设施专业分工愈加细致,专业分包现象普遍存在。各参建单位在工作范围的界定上很难做到十分明确,且受到利益的驱使,各施工单位都想少付出多收益,往往造成工序上的遗漏等问题产生,这些人为因素带来的问题,增加了协调管理的复杂性。因此,从承包合同上给予完善、规范,特别是在合同中明确各承包单位在整个工程项目中的责权利,针对各工种、各专业可能出现交叉配合等方面的问题,在合同中明确具体的制约措施,充分运用经济手段,制定奖罚制度,为项目的规范化管理提供前提保障。

二、设计管理

运用专业技术优化设计,为施工交叉管理打好基础。由于各专业设计都有各自的设计原则和处置方法,通常是各自为政,自成章法,很少考虑在同一张平面图上叠加其他专业的设计成果,这就导致了不同专业在后续交叉施工作业争抢同一作业面,影响后续施工,甚至埋下安全、质量隐患,造成不必要的损失。

实践中,必需以道路专业为主,各类管网专业为辅。首先要求设计单位对出图质量进行把控,内部严把审核关,尽可能避免由于图纸问题引起现场施工冲突。例如道路图与污水图不相符,以致现场道路尺寸偏差,影响排水和其他管网管道的安装。其次图纸到现场后设计部门、工程管理部门必须全面、彻底理解图纸,对图纸中的错误、不合理的地方提出问题和解决办法,同时需要考虑成本和效果的平衡。

▲ 桥梁基础施工

三、建立快速处置机制

实际施工中,各专业、各工种、多工序的交叉冲突难以避免,因此,平时应按规范、规程的要求,不断收集、总结、更新可借鉴的现场经验,让工程管理部门操作,统一思想认识。当出现相互交叉挤占同一空间等冲突问题时,能快速、妥善地加以解决。潘安湖工程管理部门常用的一般处置机制,遵循"现场管理员对专业队伍负责,总承包、监理、设计对建设方负责"的机制，实现化整为零，分工明确，避免无序管理。严格执行"先地下后地上，先土建后设备，先主体后围护，先道路后附属"的作业顺序，避免工序、流程倒置，管理混乱。在各类管网工序上"先布置管径较大的管线，后布置管径较小的管线，遇管线交叉时，小管避让大管"。因小管所占空间位置较小，造价相对较低且易于安装。

▲ 管网及检查井施工

同时规定"压力管道避让重力流管道。管线交叉时，应将重力流管道对标高的要求作为首要条件给予满足"。通过建立上述处置机制，实现各专业、各工种、多工序的"和平共处"使后序施工顺利实施。

科学管理为交叉施工质量提供有力保障。施工过程的各专业、各工种、多工序的交叉冲突，存在点多面广，情况复杂的特点，需要从科学管理方法来解决冲突，优化施工管理，才能保证质量。强化施工准备。把施工准备贯穿整个施工过程的始终。根据施工顺序的先后，有计划有步骤分阶段抓好技术准备、施工现场准备、物资准备、施工队伍准备，明确作业计划和施工任务，科学有序推进基础设施建设。强化工程资料管理。

▲ 码头基础施工

成立专门机构统筹管理，从开工前的资料收集到工程验收后的整理，最后编制成册。每一个环节和细节都要严格防范资料与工程进度不同步现象，严防资料造假现象。强化按图施工。认真熟悉图纸和设计引用的标准、购件图，保证工程按图施工，规范施工。掌握工程建设场地状况，包括地质、临水、临近区域情况。工程定位后，严格按实际复测验定好坐标及水准点。涉及图纸修改变更严格按规范程序纠正，做到及时准确，不影响正常施工。强化原材料送检。进入施工现场的原材料、成品、半成品、标配件必须严格按国家有关标准规定抽取试样，进行检测试验复试，严格各类材料质量标准。强化隐蔽工程施工过程监管，提高工程内在质量。

▲ 相关工作人员现场调度施工进展

隐蔽工程在隐蔽前，施工单位技术人员、监理、建设方代表必须在现场质量检查和记录，尤其对重要部门和关键工序等隐蔽工程的施工，要进行过程检验和最终检验。强化进度督促。在保证质量、满足设计及规范要求的前提下，要加快施工进度，科学有序的交叉施工，临水作业区施工严格按照施工进度计划施工，从而保证公共基础设施建设速度又快又好向前推进。

第四节　重视营造良好的外部环境

随着湿地公园工程项目建设的推进，如果只把公园围起来进行封闭式建设，而忽视周边环境的协调与湿地公园完整性，将降低人们对即将建成湿地公园的认知和评价，也威胁着湿地公园的可持续性发展。必须加大周边道路及综合环境整治力度，才能营造安全、卫生、整治有序的优美环境。

▲ 中心街、村提升改造前

▲ 中心街、村提升改造后

一、合理调整外部交通道路与湿地公园的关系

弱化310国道湿地公园段的公共交通功能，改造提升为园区内主干道路。

310国道潘安湖段是东西横穿全园的交通主干道路，全长1950m，沿路两侧是主要居住区和商业街区。规划设计面积约9万m²。其中绿化施工面积约7.5万m²，基建施工面积约1.5万m²。在建设中，着眼于潘安湖总体规划和园区未来之发展，引入城市设计和景观规划理念，合理分区布局，达到了良好结合和"可持续发展"的目的。在改造过程中，充分考虑园区发展的脉络和历史文化因素，避免造成无特征、无特色、无地方性的"三无"道路形象，充分考虑人的行为及心理需要，引入湿地景观设计的理念，发挥三大功能：交通干线功能、城市景观功能、绿化景观功能，体现出良好的三种效果。

城市景观段，东段规划长度854m。将道路两侧的明排水渠改为暗管排水，同时做到雨污分流。道路两侧增设1.5m的人行道，增加香樟作为行道树，做到人车分流。在北侧新增绿地内布置绿化和休憩设施，其间以几何形式硬化铺装结合自由绿化布局，花坛、绿树、座椅、亮化、廊架等建筑小品点缀其中，创造具有自然山水园林夜色的景观空间，为市民提供休闲、娱乐、健身的场所。

商业景观段，中段规划长度623m的商业街区。保留道路北侧的商业用房，依门头字号，拆除建筑红线外的违建房，拓宽商铺前的空间；拆除南侧的现有商业建筑，在道路红线外新建商业门面，增加与其道路的空间，增设人行道和港湾式公交站台，增设大型停车场，解决商业区的停车问题，改善交通环境。商业街区还结合硬化铺装座椅、草坪、树阵、灯饰等建筑小品，力求创造一种广阔、舒爽的商业景观景象。

自然景观段，西段规划长度487m。主要是拓宽道路两侧的绿地空间，充分利用自然坡地形，统一的绿化底蕴，协调的植物景观，塑造绿色的生态走廊，保证整条道路景观的完整性和连续性。整个工程集土方造型、道路绿化、园路、广场、景观小品、园林景石等为一体,将道路景观效果相融合放在首位,达到景观效果的完美组合。

▲ 310国道绿化改造提升后

二、大力实施园区外部环境综合改造提升。

对利大路及通往园区的四条主干道路进行全方位、立体式绿化、亮化、美化,水管改道铺设,弱电管线入地,店面门头、建筑外立面统一改造装饰,停车场,街心游园建设及道路拓宽,人行道铺设等10项综合改造。道路两侧规划建设10万 m^2 安置房。街头空地平面绿化与立体绿化相结合,见土植绿,见缝插绿,不留死角,实现绿化全覆盖,打造亮点,创造优美环境。建立环卫保洁系统,实施卫生保洁日常考核等长效管理机制。主要道路口、停车场、广场、店前和居住区增设公共厕所和垃圾箱,建设集中垃圾中转站。同时全面治理园区周边道路及连接区域存在的垃圾带、卫生死角,泥潭烂路,雨天积水等问题,使昔日脏乱差的小矿区旧貌换新颜。开展规范店外经营,取缔占道经营,整治乱停车。依法拆除周边违法建筑及有碍观瞻的建筑和临时房,治理各类违章停放及停放混乱的车辆。加大临街商户"门前三包"责任制,落实力度。推进建设"美好园区,放心消费"活动的开展,评选挂牌"放心消费"集贸市场、超市、餐馆、宾馆酒店。形成园区环境和消费环境融合一致。

第五章
基于地域的园区文化塑造与旅游业

第一节 名正事成——潘安湖由来

《论语·子路》中记有："子曰：名不正，则言不顺；言不顺，则事不成。"从孔子的话中可以看出，"名正"是实施一切为政措施的第一步。

潘安湖采煤塌陷区是煤炭开采后的采空区，即矿产资源枯竭区。没有国内外著名的自然景观可以依凭，要实现转型发展，仅仅进行生态修复是不够的，必须与第三产业发展紧密结合起来。要实现生态修复景观再造后第三产业的良性发展，一个名义正当合理、传播性好的名字极为重要。好名字解百意，经过深入研究，最后将生态修复区定名为"潘安湖"，以代表园区的形象和文化底蕴、气质与个性、核心与理念、承诺与发展，体现优质的服务、经典、文化、传承和美好生活。

潘安名潘岳（247—300年），河南荥阳人，西晋著名文学家。民间传为中国第一美男子，貌若潘安是中国对一位男子外貌最高的褒奖。

▲ 掷果盈车雕塑

290年，晋惠帝继位之后，外戚杨骏辅政，任潘安为太傅主簿，惠帝之妻贾后与杨骏争权，杀杨骏，潘安被株连，贬为平民。潘安离开京城洛阳到山东游玩。291年，45岁的潘安至山东，先游泰山，又至曲阜拜孔庙，正巧当时潘安的好友石崇，以征房将军的身份监管徐州军事，驻镇下邳，于是潘安再至徐州访友。在此期间，潘安畅游徐州山水，尤慕铜北（现潘安湖一带）的名胜。兼有潘氏家族一支脉在当地繁衍生息多年，遂流连此处，筑草庵临屯头湖而居，常与好友及宗亲饮酒谈文。

一日，潘安独自一人漫步，望见一大群村民约百余人，在烈日炎炎下给正晒太阳的光头龙王烧香磕头，祈求早降甘霖，头碰着地，磕头不止，嘴里不住地央求："龙王爷爷，快快可怜黎民百姓吧……"，潘安被这情景感动，对众人说道：在下潘安，虽避难到此暂居，但对乡亲们遭遇大旱之苦感同身受，义当尽力解困，我愿出资找水打井！在潘安的资助下，村民们打了三口"义井"，屯头村乡亲的饮水之困得以解除，周边数村也因之获益，是故众口相传，家家称赞，把潘安叫做"潘善人"，临湖而住的草庵也得名"潘家庵"。不久，潘安便返回河南中牟老家，屯头湖当地的百姓为纪念潘安，便将屯头湖更名潘安湖，临湖结庵之处形成潘安村，沿袭至今。

2011年潘安湖景观工程项目开工建设是在原潘安湖的基础上开湖造景，便沿用潘安湖之名。意旨将潘安湖湿地景观最美的形象拟人化，更能勾勒出潘安湖湿地美丽的画面，让游客产生美好遐想，加深游客印象。同时，也是对潘安湖湿地发展远景的最好诠释。

第二节　以地域特色文化塑造园区灵魂

随着潘安湖湿地公园项目建设的快速推进，文化挖掘工作越来越重要。潘安湖管理机构成立之后，迅速成立了潘安湖文化挖掘写作班子，加快潘安湖历史文化资源挖掘整理工作，把园区文化建设放到一个突出的位置。

为了丰富园区内涵，传承文化经典，探源潘安轶事，写作班子成员访遍周边村落，三下河南中牟，历时两年。同时开展了潘安湖桥名、路名、船名以及匾额楹联征集工作。结集出版了一套四本的"潘安湖湿地旅游文化丛书"：《结缘潘安》《话说潘安湖》《民间歌谣》《潘安湖楹联诗词选粹》。

▲　潘安湖湿地旅游文化丛书

该丛书填补了园区文化缺失空白，注入了园区几许灵性和长久的生命力。静心捧读，你会发现潘安湖周边区域历史文化演绎脍炙人口，民间歌谣娓娓道来，"才过宋玉，貌赛潘安"将永久地沉淀在你心底。

园区文化建设最能体现潘安湖的景点内涵。不仅仅要在湿地景观造景上下功夫，更重要的是赋予这些景点生命力和鲜明形象，以烙上强烈的潘安湖地方文化元素和特色，使潘安湖湿地生态环境与人文环境能融为一体的生态文化氛围。所以潘安湖文化挖掘，从追根溯源寻找文化渊薮。挖掘区域历史文脉，历史遗址遗迹、建筑和街区、宗教祭祀场所、经济文化场所、生态旅游聚落环境。将区域内拥有的历史名人、传统、民俗等方面的亮点充分发掘出来，实现文化探源，提炼特色价值。

▲ 神农祭祀

▲ 水神庙内祈福场景

▲ 马庄乐团走出国门

通过文化探源方式，以潘安为文化原点，以"三口义井""潘家庵""掷果盈车""栽树立誓""浇花息讼"等发掘潘安完整文化背景和故事，形成特色价值。以"三官庙""鸡鸣山""金马河""水神庙""屯军寺"等提取地域历史文化，丰富历史底蕴。在建成的数百上千个牌坊、亭台、轩阁、画廊、拱桥、古街、鸟岛、会所等景观小品建筑上，向国内外征集的

▲ 潘安古村客栈

▲ 潘安湖中药香包

▲ 潘安湖湿地景观

1289篇优秀楹联匾额作品，书写了浓浓的湿地文化情怀，提升了园区文化品位。马庄村特色文化内涵、民间祈福文化等提取核心文化价值和思想，形成唯我独有的区域文化亮点，升华潘安湖生态湿地园区体验和游赏价值，打造全国最美的乡村湿地。

深入挖掘地域历史文化，实现文化与旅游的有机结合是潘安湖园区发展的必然选择，也是实施园区文化建设的内在需要。

文化与旅游是密不可分。并相互促进，没有文化内涵的旅游是没有生命力的旅游，潘安湖园区管理处所实施的一系列的文化挖掘工作，都赋予了园区丰富的历史文化底蕴，潘安湖园区发展必将显示其强大、持续的生命力。几经努力潘安湖于2012年9月29日开园迎客，并成功创建国家4A级风园区、国家级湿地公园、国家级水利风园区、省级旅游度假区，成为中国最美的乡村湿地，成为潘安湖园区最丰厚的旅游资源。

第三节　特色旅游业大有作为

如何将潘安湖采煤塌陷区的环境优化功能、生态修复功能、景观开发功能转化为发展的优势，关键在于有一个能够承载具有个性化、特色化、差异化的旅游产业。

▲ 船游潘安湖

一、明确发展的路径

核心园区建设依托"三大载体",突出"八大重点"。即潘安湖采煤塌陷地湿地公园、农家乐、潘安古村"三大项目"建设载体。突出湖泊湿地观光、休闲健身、生态天然养生、中西式民俗婚庆、青少年欢乐拓展、乡村农家乐旅游、古镇古村游、水上特色餐饮"八大重点"。合理规划、整合、开发潘安湖风园区旅游资源。形成

▲ 草莓种植采摘基地

"大而特"(大的湖泊湿地,南北兼容,风光特美)、"小而精"(岛屿小,功能各异)业态鲜明,可操作、有收益的旅游发展品牌。核心接壤区主打"四大基地",即养生养老基地、科教文化基地、总部经济基地、休闲住宅基地,形成不同消费群体的人文资源。规划控制区培育以观光农业为特色的"三大产业",即花卉苗木产业、农耕体验产业、乡村采摘产业。

二、围绕园区总体规划做好四篇文章

一是在自然生态和环境提升上做文章。按照以湿地为主题,以生态自然养生为特色的思路,重点做好东部湿地保育区、颐心养生岛、百鸟林岛、枇杷岛等一批生态养生项目,体现静态养生、生野幽静、回归自然,打造湿地、净地、心地的意境。

二是在文化内涵挖掘和文化品牌提升上做文章。依托《话说潘安》《结缘潘安》《民间歌谣》《潘安湖楹联诗词选粹》四本潘安湖历史文化资料,以潘安古村岛为载体,以潘安奇人逸事、诗词歌赋、故事传说为引线,在潘安古村古街上建设潘安雕塑、掷果盈车、潘安

古井、水神庙及重要节点的园区位置设置文化小品景点。开发潘安豆腐饺、龟打子等带有文化传奇色彩的民间小吃，形成古色古香文化底蕴深厚的潘安市井文化古镇，提升整个园区的文化内涵。同时将屯军寺、三宫庙等一批历史文化景点有机整合，体现潘安湖湿地的历史文化底蕴。

三是在产业创新上做文章。做好特色旅游产业，以乡村农家乐游为主题，在乡村观光、农耕体验、农家小吃、农家小院做文章，体现乡土乡风，乡野情趣。以古镇古村游为主题，在古街古庙、古代市井文化上做文章，体现怀古怀旧情怀。做好养老养生产业。在养老养生方式和理念上做文章，实现产业创新，打造园内独树一帜的养老养生新生活。做好科教文化产业，建立科教文化融合示范基地，科技创新创业园，引进高校和科研单位入驻，扩大潘安湖影响力和辐射力，推动潘安湖实现产业升级。做好高端旅游产业。以总部经济为主题，建设一批现代化办公场所，吸引国内外知名企业、集团、总部入驻办公，增强潘安湖发展的经济活力。以论坛会都为主题，开设湿地开发论坛、自然资源利用论坛、资源保护论坛等一系列峰会，形成国内外专家、学者聚集的会务集中地，扩大潘安湖的影响力。

四是在营销包装和科普宣传上做文章。如每年世界环境日举办"潘安湖湿地文化节"，邀请知名人士进行公益宣传，提升潘安生态修复影响力。每年七夕之时，举办"潘安湖民俗文化节"，以马庄民俗文化演出等宣传潘安湖民俗文化，提升潘安湖湿地的感染力。每年年末举办国家级和世界级"采煤塌陷地修复利用论坛"，邀请国内外专家探讨研究采煤塌陷地治理经验，推广潘安湖治理的经验。同时还根据不同的季节，每年适时推出梅花节、桂花节、海棠节等不同主题的园事花事活动，吸引人气，提高美誉度。重视科普体验，做好儿童科普体验区。4D影院，矿洞探险，湿地生物馆、百鸟林等科普教育产业的建设，探索湿地的意义，增强潘安湖湿地的教育价值。

▲ **感受湿地文化**

五是构建潘安湖风园区旅游业发展的新平台。高质量建设功能性设施，完善游客服务中心、快捷酒店、湿地宾馆、农家乐、购物一条街等重要功能性服务设施及配套设施建设，打造一流服务功能设施。抓好运营机制的创新，完善各种招商优惠政策的制定，加大战略性合作和市场化运作力度，采取经营权转让，多元化股份制合作经营以及托管外包等现代旅游业发展的新模式，引进一批国内外知名品牌、酒店、娱乐服务业入住潘安湖，推动旅游业管理运营的提档升级。充实和引进一批适应现代旅游业管理人才及专业性企业，在市场化运作的模式下，不断提高潘安湖旅游业发展的活力。抓好旅游景点和线路的整理，加强区域旅游资源的整合，做好与市区及台儿庄等周边重点园区资源融合，科学设置景点、线路，形成园区并联，景点串联，资源共享的发展格局，全力塑造潘安湖旅游业发展的新品牌。

第四节　旅游业策划源于景观和文化资源

园区旅游策划是园区开发旅游产业的前提，为园区旅游业的开发厘清方向和思路，为园区确定合理的旅游业发展架构，使得园区资源更加形象、生动的展现在游客面前。所以园区旅游策划不能脱离潘安湖总体规划定位，充分挖掘潘安湖湿地生态景观和文化资源优势，这样才是一个好的旅游策划方案。

潘安湖总体规划突出的是湖泊湿地的生态特色，打造中国最美的乡村湿地，这些特色就是资源优势，是旅游业发展的根本和基础。园区旅游策划产品定位，不仅不能脱离这个优质的资源，反而应该需要更深度发掘和提炼资源的内涵价值，用专业领域的独到见解，才能达到"景观主题化、动态化、游乐化、生态化、情景化"的设计思路，才能使潘安湖湿地景观资源转化为一流的旅游产业，从而迎合市场的发展。

景观旅游策划还要根植潘安湖园区文化。园区文化是潘安湖旅游产业塑造品牌形象的前提和基础，深度发掘潘安湖内在文化时，要将潘安文化、湿地文化、老街文化以及民俗文化等形成独特的文化内涵，形成有品质有灵魂的旅游园区，让游客来了不想走，来了还想来。

▲　民俗文化吸引孩子们的目光

创新旅游产品和品牌。好的园区一定有好的旅游产品和品牌形象吸引游客前来。在旅游产品设计上要将旅游资源、文化与市场相结合。在观光旅游的时代，一流的资源可以直接变成旅游产品，我们以湖泊湿地观光为主题，打造休闲观光旅游产品，让游客体味生态自然"天人合一"的景色。以乡村农家乐游为主题，打造乡村观光旅游、农耕体验、农家小吃、农家民宿小院等旅游产品，让游客体味乡土、乡风、乡野情趣。以古镇古村游为主题，打造古街古庙，古代市井文化旅游产品，让游客体味返璞归真、怀古怀旧情怀等。同时创新旅游产品开发，向休闲度假、体验生活等方向挖掘旅游产品。专注于全域旅游，养老养生产业，湿地开发论坛，科普教育以及民俗文化街等当下热点的多方向旅游产品的规划设计，这也是潘安湖园区旅游业长期生存和发展的保证。

跟进市场，打造生态特色旅游线路。营销策划既要有新理念，又不能生搬硬套其他园区使用过的方法，要面对市场主动营销，创新营销，推动园区品牌形象推广的设计路径。尤其在旅游线路的设计和推广上，要站在市场角度和游客角度看问题，体现多元性和丰富性。通过旅游线路及景点的策划，形成生态景观特色的营造和再现，是一种没有市场就创造一个市场的精神，做好旅游线路。

▲ 船游花海

要抓住景点，落实亮点，以点串线形成吸引游人的线路。整个线路选点围绕主入口东侧湿地，鸟岛与各类动禽接触，马庄广场民俗文化、民俗表演，农耕体验活动，商业街作为重点，将这五大景点选好，以景定位，以点串联，同时将哈尼岛、蝴蝶岛、潘安古村等作为辅助点，认真挖掘园

▲ 湿地公园游览线路规划

区内容和文化。游览线路及景点要细化深化，体现游、购、娱、吃、住、行的各项功能，增加游览时间和消费机会。重点对湿地酒店、农家乐特色体验、商业街地方风味小吃、客服中心大众快餐等进行产品包装推介，让游客一目了然地掌握园区全况。旅游线路及景点要科学合理串联形成"水上一日游"，"环湖漫游赏花半日游"，"休闲度假两日游"三种套餐。形成多样化产品，供游客选择。同时，加强与区域旅游景点的链接整合，科学设置景点线路，形成与周边园区并联、景点串联、资源共享的旅游资源，全力塑造潘安湖旅游业发展的新品牌。在互联网时代，要在微博、微信等多媒体进行宣传突破，对常态性电台、报刊杂志等宣传营销也不可忽视，及时得到市场的反馈，适应旅游产业日益加剧的市场竞争。

III

下篇

建设管理

第六章
工程推进与现场管理

第一节 握牢前期准备工作抓手

潘安湖景观绿化项目即将全面进入开工建设，正值岁尾年末，精心地组织好前期准备工作是推动新年开春景观绿化项目全面开工建设的关键环节。必须以只争朝夕的精神面貌，一丝不苟的工作态度，攻坚克难的意志，握牢前期准备工作抓手，快速推进当前工作。

一、精准做好总规划与各专项设计的衔接

抓好潘安湖总体规划与12项详规的衔接、湿地景观规划与土地复垦项目扫尾验收的衔接、景观规划与徐贾快速通道建设项目函桥及边界景观设计的衔接、景观规划与"2011年十大重点工程"的衔接、重点工程项目开工前期准备工作与区域村庄搬迁的衔接等5项工作，是当前工作的主抓手。

潘安湖总体规划和景观规划已经市规委会审查通过，前期5项衔接准备工作，必须符合这两个规划要求，必须按照这两个规划指导各项建筑、景观绿化以及公共基础设施设计和施工。重点工程建设项目涉及规划建筑、绿地、道路、广场、停车场、码头、桥、河湖水面位置和范围等。要符合总用地布局，景观特色要和景观规划空间组织相协调，单项和综合工程管网要充分考虑现状地形地貌和主要控制点标高。因此，衔接工作面广量大，既要精心精细精准解决问题，还要有工作的紧迫感和时效性。

把衔接工作的内容、问题、解决办法以清单的形式列出来，并估计完成每一项工作所需要的时间。衔接的时间要做一个排序，按时间的先后顺序或者事件的重要程度顺序，列出解决问题的时间。有了具体解决问题的限制时间，要明确专项工作组，专人专职，专题跟踪直至问题解决。衔接工作既要实事求是，又要有工作的预见性，对衔接的工作有思路，有工作目标，要熟知工作内容，工作流程及工作节点环节。对可能一时解决不了的问题，可能产生的预期影响，要充分评估、研判，不能大而化之，得过且过。

各工作组要清晰明确所承担工作。提高工作效率，以解决问题为导向，处置问题要做到事前预防，事后跟进。凡涉及到管理处部门与其他业务单位时的沟通协调，部门负责人为第一责任人，牵头主导向上下环节主动连接。分管领导负责督察督办，定时调度会商解决，重大问题及时上报研究解决。对于应急事件及特殊情况，各部门站在自身职能权限解决问题的角度反思工作问题，应主动排查解决，避免推诿扯皮，造成严重后果。确保每项衔接的工作点线面全面接轨，无缝对接，为工程建设创造条件，开好局，起好步，实现全

面开工建设。

二、要急事急办

一年之际在于春。已进入三月，景观绿化工程就像农民种地，要知时节。已具备开工条件的施工区域，按照法定程序快速办理各项开工手续、暂时难以完成相关手续的，必须本着"急事急办，工程建设又好又快"的原则，组织施工企业先入场开工建设，然后逐步完善法定手续。

▲ 现场勘查规划设计方案

要加强施工企业入场的管理。施工企业入场前，必须提出入场施工方案和一张工程进度计划目标承诺书，一张技术交底清单等工作。工程建设管理部门要积极推进落实工程建设第一责任人的工作机制。加强相关部门之间联动，邀请纪委、检察院、财政、建设、审计等对备选施工企业进行评选，择优选择后签订BT合作协议，方可允许入场开工建设。主动落实监管责任和措施，规范工作流程，制定有效管理机制。

后期工作也要加快跟进。按照邀标招标的法定程序办理工程标段的招标手续，严肃工作纪律。对提前入场、后在邀标招标中落选的施工企业，实行按时结算退场的办法，快速退场。加快中标施工企业入场交接，快速开工建设，保障工程建设健康有序地推进。

三、实施BT方式助推项目建设

潘安湖生态经济区建设指挥部批准潘安湖景观绿化项目建设采取BT方式选择施工企业。按照好中选优，优中选强，强中重资信原则，统筹32家报名企业情况，在对企业资信等级、开发实力、在徐州建设业绩、施工特长综合分析对比和实地考察了解的基础上，结合潘安湖项目建设的实际，筛选出13家入围企业，通过对各入围企业综合评定初评，初步拟选7家施工企业（江苏澳洋集团、杭州市绿化园林有限企业、江苏大千景观工程有限企业、徐州九州园林绿化企业、江苏阳光集团、杭州三江园林绿化工程有限企业、江苏山水建设集团企业）和备选企业2家（浙江舜仕建设企业、苏北花卉有限企业）。

选择方式的创新。引入市场化竞争机制，采取两次合同管理制。与拟选施工企业和备选企业签订BT合作建设协议合同；在此的基础上，对具体工程、具体标段进行公开邀请招标，按法定的邀请招标程序，邀请7家拟选企业和备选企业2家参加公开招标活动，进行择优录用，与中标企业依法签订施工合同。中标单位完成项目建设内容并经验收合格后移交给建设方。如果施工方签订BT合同后，且已入场施工，但未依法中标，按照实际工程定额标准进行结算，并无偿、无条件退出施工场地。

管理模式创新。落实"五项制度"，确保施工管理科学化、精细化。抓住关键人。落实施工企业"五大员"管理制。对事关工程建设质量、造价控制、工程进度的"预算员、施工员、质检员、材料员、安全员"，实行在项目区每日打卡考勤，工作任务指标量化管理，确保每个工作面、每个工作时段、每个工序节点"五大员"全程现场管理。选好队伍，落实"监理人员旁站制"。立足全国、全省选择监理水平高的企业和监理人员，明确监理责任，实行重奖重罚，确保工程质量。强化工作责任，实行"六个一推进制"。对所有项目实行"一个项目，一名派驻代表，一个责任人，一套工作班子，一个实施方案计划，一支好的施工队伍"，确保施工管理协调推进工作有条不紊开展，加快建设速度。实行建设工作"倒逼制"。在倒排工期、挂图作战的基础上，对每一项工程的每一个节点，形象进度，完成时间列出"倒逼"序时表，限时完成。组建项目建设现场认证领导小组，全程参与潘安湖景观绿化项目建设工程。对工程施工过程中材料认价、工程量增减、工程及规划设计变更及失地农民进入社会保障等相关具体问题进行现场办公认证、会商及跟踪审计等。从而进一步简化工程流程，提高工作效率，确保潘安湖工程建设顺利实施。

四、夯实开工前准备工作

2011年3月10日，潘安湖景观绿化建设项目投资计划获市政府批准。4大类10项重点工程即将进入实际的工程施工。

▲ 前期现场勘察

乡土树木的收集储备落实到位。公园景观绿化工程量大面广，大规格树木的需求量多，结合苏北淮河流域乡土树种成活率高、成本低、易运输的特点，确定了51种乡土树木，委托专业企业进行集中收购，确保春天大面积栽种时树木源源跟上。同时，提前做好耐水乔木和水生植物主要苗木的采购。为确保苗源，采取直接到杭州、常熟、六合等地区苗圃基地和施工企业推荐苗圃相结合的方式选择苗木，既保证苗木货源不断，价格不浮动，质量有保证，又保证工程进度。

▲ 前期水位观测

施工队伍落实到位。确定的7家施工队伍和2家备选队伍，在开工前召开两次见面会，对前期各项重点工作进行通报和对接。同时，对入围企业进行工程标段发布会，对急需开工工程实施预确定施工企业先入场开工，后办理手续方式加快进度，并在10天内完成了4次技术交底，土方原始高程测量、规划放线等工作，为各施工企业全部快速入场施工打好基础，各就各位。

▲ 施工机具陆续进场

科学施划工程标段和作业区。"十大"工程项目按施工性质细划为22个工程标段，组成十个区域工作作业区。加强与施工企业的技术对接，组织规划设计单位和工程管理部门召开5次技术交底对接会，明确各标段的工程内容和技术标准，在此基础上，完成BT合作框架协议文本，与施工企业签订BT和工程建设廉洁两个协议。

突出关键，明确各项管理制度。对施工企业下达限期入场施工的工作函，限定施工企业按时全部进场施工。对施工企业"五大员"实行现场点名考勤机制。加强对项目经理的管理，规定不经建设方同意施工期间不准随意更换人员，确保项目经理始终在施工现场。严肃工程建设纪律，向各施工企业发放公开信，实行了严肃工作纪律、严肃工作制度、严肃工作关系的"三严肃"制度。集中精力抓项目开工建设，一切工作为开工建设让路。

第二节　抢先起步，快速入场

一、进场快，拉得响

先期进入施工现场的9家施工企业加快入场速度和进度。按照"十大工程"建设目标任务，并根据施工工程标段内容要求，加强技术对接。规划设计单位、监理单位、工程管理部门与施工企业通力配合，在十天之内完成技术交底、土方原始高程测量、规划放线工作。技术交底全面明确，并突出要点。尤其对施工中使用新技术、新工艺、新材料应进行详细交底。通过技术交底，使施工企业了解自己所要完成的具体工作内容、操作方法、质量标准和安全注意事项等。做到任务明确、心中有数、快速达到有序施工。

加快实施和安排临水、临电、料场、工作通道及施工人员入住等辅助工作的开展。要综合布局，统筹规划，编制切实可行的临水、临电等应急预案。建立健全相关制度，重点突出，杜绝安全隐患。确保施工队伍进场后能有序开展施工，做到工作一拉就响。

农家乐、民俗广场等景观工程，醉花岛及两侧水生湿地浅水区复土工程、东侧湿地环湖复土工程以及环湖道路部分基础工程克服种种困难如期开工，从而确保潘安湖湿地建设项目抢先起步，进场快，拉得响，战得胜。

二、抓住施工主动权

随着景观绿化工程项目的全面开工建设，作业面不断扩大，一些制约和影响工程建设的矛盾也越来越突出。群体阻工已逐渐转为局部个体阻工现象：极个别区域出现社会闲杂人员强买强卖的事件发生，少数村还存在着无理阻工的行为，大吴镇、青山泉镇区域还有少数拆迁"钉子户"阻工现象，徐矿集团土地范围北岸线施工区无法开展，因土地复垦验收问题导致部分岛屿不能开挖土方等，推进施工的难度越来越大。

针对这些问题，把"保节点、保序时""抢施工地盘、抢施工进度"作为关键和重点，集中力量攻坚清除影响施工的突出问题。对不具备开工条件的作业面，优化和调整施工方案，创造条件见缝插针主动施工，不断推进。对具备开工条件的作业面，全力以赴，加紧组织，多上机械多上人员，挂图作战倒逼进度，把施工的主动权牢牢抓在手中，确保各项建设工程按时间节点完成。

抓重点，出亮点。抓住春季较好的施工条件，重点推进景观绿化工程建设。4月6日前完成310国道北侧项目区景观大道行道树栽植。4月30日前完成醉花岛以及西侧湿地大苗木栽植基本框架；完成310国道北侧景观以及无名岛苗木框架；完成利大路东侧及西北侧沿湖岸线景观绿化试验段；完成农家乐、民俗广场及主水系景观绿化；完成北岸及快速通道西侧环湖施工便道。确保景观绿化在5月底前有轮廓，有看相，有亮点。

▲ 栽植水生植物

抓推进不放手。抓各项专项规划设计及评审论证，确保4月底前全面完成，指导施工。抓现场调整及施工作业的技术对接，确保科学有效施工。抓工程进度，实行每天一调度，每周一总结。即每周一、三、五召开工程建设项目经理例会，调度工程建设进度，研究解决工程建设中存在的问题和困难；每周二、四、六及周日，召开工程建设技术对接会，优化技术，保质保量推进工程建设。加强对施工企业工程日志的考核管理，对每一天的工程计划及完成情况进行表格式统计汇总上报，并对次日工程节点进行安排，督促施工企业加快工程建设进度。

抓管理不松劲。把抓好施工企业管理、抓好项目经理管理、抓好现场施工管理作为推进工程建设的主要手段。积极落实《关于潘安湖项目及施工管理的意见》。对施工企业实行集中办公制，五大员打卡考勤制，工作例会制，工程建设计划制，工作联系单制，工程管理通报制等各项管理制度。同时，制定出台《关于对加强潘安湖施工企业管理考核的意见》，对施工企业执行工作纪律、工作制度、工作关系、现场管理四个方面实行百分制考核，奖罚制管理，以考核促进管理，促进施工企业保质保量安全文明施工，确保潘安湖各项建设目标实现。

抓工作衔接有序推进。明确工作缓急，掌握节奏，有计划推进各项工作实施。突出抓好景观绿化工程建设，确保6项重点工程按计划完成，实现景观绿化工程取得阶段性成果。同时启动5万m²的安置房建设，完成村庄搬迁政策和机制的建立，推进新一轮村庄搬迁的迅速启动。

三、攻坚克难扫除最后障碍

景观绿化建设进入全面开工的新阶段后，绝大多数项目区的目标任务按序时推进得较快，落实有效。但还存在着一些不可忽视的问题，阻力现象时而不断发生，辖区内的"钉子户"、违建等还没有妥善解决好，拆除掉，施工现场双方开展了游击战术"你进我退，我退你进"，形成施工建设的"中硬阻"现象。项目区内盗土取土现象严重，给后续工程建设增加成本和难度。失地农民入社保手续办理及土地补偿费用落实工作没有完全到位，在一定程度上影响了项目建设的和谐推进。项目区内砖厂、窑体拆除关闭步伐不快，存在着个别附着物清理不到位，严重影响工程推进。所以，对阻工行为要高度重视，采取"打防结合的管理办法"，两手都要硬起来。打击是硬手段，对无理阻工，强买强卖及涉黑阻工事件形成强大的威慑，加大打击的力度，排查重点人，配合公安机关精准打击，依法打击，不姑息，不迁就，做到合法合理合情。

防范措施硬起来。防范的关键在于手段和方法。建立良好的施工现场管理秩序，采取封闭式施工。对施工区域按标段进行围挡管理，不能围挡封闭施工的区域要增加保安和巡查手段管理，围挡区域严禁非施工人员进场，设立警示牌，做到安全有序文明施工。建立村民代表监督管理机制，邀请区域失地农民代表驻地现场监督，形成建设互动的良好局面。建立阻工信息通报制度，对每天发生的阻工事件要登记造册上报，并及时通报到所在地村委会，及时化解矛盾，解决问题不过夜，避免问题反复。建立阻工处置流程和应急处置机制。对滋扰、纠缠、起哄、聚众造势阻工等行为按照应急处置流程报警和驱赶。建立失地农民就业和生活保障制度，维护社会和谐稳定。

攻坚克难，抓住重点。积极稳妥加快村庄搬迁步伐，明确村庄搬迁机制，制订好村庄搬迁政策和人员安置方案，先期启动安置房建设，把西段庄村搬迁作为重点，运用矿补资金、土地综合治理、土地盘活三种政策叠加，推进到位。综合协调国土、水利、审计、财政等部门联动，推进复垦工程进展，提前做好与省、市相关部门的对口接洽，提前预验，有针对性的做好对接，确保验收成功。强化调度，提高效率，创新工作方法，把节奏和效率放在第一位落实工作。日清日结，用激情和攻坚克难的精神解决实实在在的问题，创出佳绩。

第三节　善干者，一定是善谋之人

潘安湖景观绿化工程建设项目已全面开工建设，要善于谋划，增强工作的前瞻性、计划性、主动性，夯实工作基础，推进工程建设高质量快速度完成任务。

一、规划为依据，问题为导向，周密谋划

谋划的过程实际上就是一个梳理工作思路的过程，也是对目标计划科学合理论证的过程。

对开工建设的项目，要认真分析目标计划的可行性、可操作性。在实践中许多施工企业由于组织管理不善，施工人员素质参差不齐，项目管理缺乏科学性、规范性、可控性，导致项目在进度、质量和安全等方面还存在较大弊端，尤其面对潘安湖项目区内的"钉子户"、违建设施以及土地复垦工程基址现场构筑物的清理等诸多复杂问题。企业没有明确实现工作目标路径，是导致工作缺乏生动性的根本原因。就像失去导航的飞机，不知往哪里去，做事效果差。所以要激发施工企业奔向目标强烈的动机，要以结果为导向制定实现目标的具体计划、方法和措施，才能实现既定目标。

以问题为导向，解决问题。潘安湖施工区域大，地质状况复杂，加之土地复垦历史遗留问题等叠加堆积的矛盾和问题。一方面，要研究解决到位，不让施工企业无所适从。另一方面，要加大对施工区域的调研，重视园林对现场和地形的处理要求。园林植物栽植地形处理需要依据现场环境植物的形态等进行艺术再造，二次设计创作。对构筑物体量高度与周边环境的协调，对桥梁、码头、栈道、涉水施工技术的能力都要充分的考量和研究。凡图纸与现场的差异要及时修正和调整，对设计缺陷要通过规范和程序纠正，严禁施工企业随便修改方案，只有做到了有的放矢地事前谋划，强力解决事中梗阻问题，才能确保工程按目标计划的全面完成。

二、把计划的刚性立起来

开工建设初期，由于施工场地移交、阻工等不利因素，工程建设一度陷入停滞。一些

工地处于半停工状态，施工队伍干劲不足，工程建设计划变成一张废纸。要严肃工程建设计划。在项目实施开工建设初期，为了保证建设计划的刚性实施，在编制进度计划时反复要求施工企业抓好前期论证，现场要勘察到位，施工方案完善到位，工程量大小清楚，工期合理，施工人员安排充实合理，施工机械措施充足完好，极端天气影响因素，现场安全，风险预控措施到位等关键环节，从严规范管理施工计划。特别要求谋深谋细谋实项目计划，确保项目计划严格按建设内容，关键节点推进。各施工企业自下而上调研后认可上报工程管理部门，确立工程建设计划的目标责任书。这一系列的做法，都是在强调计划的重要性、严肃性，从而强化计划的权威性，把计划的刚性立起来，严格计划的执行，保证计划刚性落实。工程建设部门及施工企业上下要统一思想认识。

全面加快项目建设，严格按建设计划推进。实施挂图作战，建立调度机制，实行分类调度、升级调度、派单调度。严格落实项目施工企业主体责任，监理单位监管责任，工程建设部门派驻人员管理责任，形成高效推进合力。定期梳理未达到序时计划的进度项目及时预警，限期整改到位，对问题整改不力的企业和管理责任人进行约谈和问责。

加大推进实施计划的力度。开工项目要按项目计划节点要求赶进度、抢工期，计划开工的项目认真做好前期项目计划的编制，按计划及时开工。加大精准调度的力度，及时协调解决项目计划推进过程中存在的问题，确保项目顺利实施有计划按序时推进。加大破解难题力度，拓宽思路，创新办法，创造性地展开施工。对汛期施工要科学合理安排，见缝插针，改变惯性施工模式。炎热天气施工要调整工作时段和作业工序，有效破解施工问题制约。

完善机制，驱动刚性计划的实现。实施进度控制管理，按照现有计划任务要求，各施工企业细化专业，编制土方、苗木、机械设备、人员、建筑施工、管道施工等日计划周计划月计划。现场施工管理要在整个工程实施过程中充分利用好作业区的平行作业，划分出流水作业，安排各个班组来进行分工作业，使每一道工序的施工合理、交叉科学。要多建立工作区，充分发挥劳动力使用，避免出现窝工、怠工等现象要分阶段施工的计划管理，解决其中存在问题，协调好各个专业，各个作业面的工作。有延误计划工期的，应该及时找出原因，然后制定追赶计划。同时，为保证项目在计划工期内完成，制定追赶延误的工期计划，对工期差距大的施工企业，调换项目经理，选择有经验的项目经理负责整个工程建设，起到事半功倍的效果。

在非常时期，检验一个施工队伍是否有战斗力，关键要看这支队伍的思想自觉，对项目建设计划的执行，不讲条件、不找借口、不为困难找理由，推动项目计划目标任务。要坚持"不换状态就换队伍"的思想，坚决执行项目计划的实施，实现工程建设计划目标任务的完成。

三、不可眉毛胡子一把抓

景观绿化工程面广量大，各个标段和工地要集中物力人力攻坚克难，重点突破，方能按照计划节点完成任务。

每个计划节点环环相扣到位。工程建设最终的结果也是与每一个环节密切相关的，成败也与每个环节是分不开的。只有步步为营，抓好抓住每个环节才能趁势而上，不能有一丝退让，坚决做到不打折扣，不打"和牌"。社会和各级关注的问题，要确保落实到位。如关注度高的节点、示范段、工程整体形象等，要安排专人负责，作为专题事项挂牌督办，精心组织施工优质安全，高速完成任务。

工程推进的重点环节要确保部署到位。如桥、码头、栈道围堰施工，工程建设安全、构筑物施工等都不可忽视，要明确施工进度，控制目标，编制施工进度计划。对关键环节工作拖延会造成整体项目工期的拖延，要有解决预案，在整体工作中，把其作为专项单独拉出来，并限期完成。

季节性工作重要节点要确保安排到位。绿化工程施工就像农民种地，要知时节。什么季节种什么苗，什么时候适宜实施土方和基础设施建设，什么季节要盯紧养护等，要在工程计划中体现出来，不违背科学规律，方能更利于促进效率和效益的提高，方能达到事半功倍的效果。

年度目标计划项目化落实到位。科学编制年度工作计划，发挥年度工作计划引领作用。把年度工作计划项目化，以项目为发展的切入点，积极探索有效的发展路径和方法，加快培育、提升、壮大潘安湖生态经济区，打造最美乡村湿地（附2011—2013年三年工作目标计划）。

2011年十大工作目标计划

1. 湖区开挖及岛屿整理工程。完成投资1100万元，挖降湖区内三条土堤，挖土方量6万m^3；挖除湖岸土方4万m^3，湖面达到规划设计要求；推土60万m^3完成九座岛屿土方整形。

2. 景观绿化工程。完成12000万元。在主要岛屿栽植各类大树2万余棵，树种40余种，栽植60万m^2。形成高乔木、低乔木、灌木、草本植物、水生植物五个层次。

3. 湿地水生植物栽植工程。完成投资4800万元。在核心区西部及东北部湿地栽植水生植物80万m^2。栽植藕、菱角、荷花、蒲草、慈姑、茭白等30万m^2，栽植水葱、水花生、菖蒲、水芰、乌菱、荻花、莲花、芦苇等50万m^2。其中各类芦苇10万m^2。打造湿地观赏区，基本达到保育、培育功能，营造具有湿地多样性，形形色色丰富多彩的水生物种原始湿地、沼泽地。

4. 环湖路建设工程。完成投资2400万元。铺设12km 10万m^2的环湖路路基。岛屿内铺筑青石板路1.2万m^2，架设石平桥20座，完成柳树桩5000m，铺设软坡岸1.2万m^2，安装栈道3000m，建设坡岸码头6个，安装路灯600盏。

5. 主入口及游客服务中心建设工程。完成投资12100万元。开挖整形，建设游客服务中心建筑6000m^2，湿地宾馆10000m^2，停车场3000m^2。

6. 启动潘安古村、蝴蝶岛建设工程。完成投资6200万元。实施绿化道路铺设等基础设施建设。

7. 潘安湖农家乐建设工程。完成投资4000万元，建成2万m^2农家小院及服务配套设施。

8. 民俗景观广场建设工程。完成投资2000万元。建成5万m^2铺装、绿化及文化景观小品等。

9. 给水、排水、强弱电管网等配套建设工程。完成投资4000万元。铺设给水管1.2万m，排水管6000m，强电、弱电等管线6000m，电缆线1.6万m。配套建设公共厕所、大型停车场、垃圾收集箱、果皮箱、指示牌等设施。

10. 启动安置房建设工程，完成投资3000万元。建设安置房5万m^2，规划搬迁2万m^2。

2012年十大工作目标计划

1. 实施开园迎客建设工程。明确开园工作筹备流程和工作事项，细化分解明确责任，挂图作战。突出抓好地被植物、水生植物、高低秆芦苇，以及路边、各施工区域边角带的增绿补植的计划编制和实施。全面推进精品标段和精致景观小品建设。加快"服务体系、导游体系、视觉体系、价格体系、管理体系、培训体系、投诉处理体系、应急保障体系"的"八大体系"建设任务。

2. 实现园区投资5亿元。完成开园运营必保功能性建设9项，完成必备配套设施10项，完成安置房5万m^2，推进先安置后征迁政策的落实。

3. 旅游业发展掀开新篇章。主打湿地观光、乡村农家乐、湿地主题公园、潘安古村"四大品牌"建设，初显园区特色及竞争定位。全面启动旅游服务中心、物业中心工作，开展旅游品牌、旅游产品包装、运营策划以及楹联、匾额、船名、桥名征集工作。积极推进马庄民俗文化产业项目发展，完成祭祀神农祈福活动的宣传策划以及马庄民俗文化表演的排练，推动乡村旅游示范点的开展。

4. 全力实现园区环境和村容村貌提升计划的实施。加大对园区周边、310国道、利大路、中心街整治力度，全面实施弱电入地，道路两侧建筑装饰改造，人行道铺装，绿化景观亮化提升，建设候车厅、停车场、垃圾中转站等12项工程。全面提升村庄环境，加快改造村容村貌，实现村庄道路硬化、亮化、改水、改厕、垃圾清运工程，全力打造"美好城乡"工程。

5. 招商引资突破5亿元大关。多渠道融资，解决资金瓶颈，年度完成到位资金5亿元。加快落实主入口、快捷酒店、宾馆以及农家乐、湿地酒店等运营项目的招商。

6. 实现区域经济发展。重点打造瓦店村商贸服务区，打造马庄村农耕采摘和民俗表演、民俗展示体验区，打造潘安村花卉苗木种植基地。培育和发展西段庄村旅游服务业，调整优化农业产业结构，壮大村级经济，年内新增设施农业66.7hm^2，辖区内民营经济增幅25%，失地农民劳动力就业不少于1000人。

7. 社会管理有创新举措。对4个行政村实行社区化管理，企业化运作，推动农民变市民机制创新。

8. 失地农民幸福指数创新高。鼓励失地农民个人创业，支持失地农民参与园区商贸旅游服务业经营，力争实现五个100%。即符合劳动力年龄段失地农民就业培训达到100%，就业率达到100%，失地农民进入社会保障率达到100%，60岁以上老人和五保人员供养率达到100%，失地农民合作医疗参合率达到100%。

9. 完成"十件为民办实事工程"。实施以老年公寓、安置房、道路亮化、道路通达、自来水通达、便民公共服务设施、垃圾中转站、环境改善提升等为内容的为民办实事工程，让发展成果惠及百姓。

10. 加强党的建设，全面提高干部队伍的战斗力。组织"解放思想，跨越发展"主题讨论活动；实施党员干部"先锋行动"计划；完善村级干部队伍考核机制；深入开展党风廉政教育，落实党风廉政责任制。全面提高干部队伍的攻坚能力、执行能力、创新能力。

2013年十大工作目标计划

1. 绿化补植、基础设施整改工程。调整补植常绿树种及色彩树种，环湖路组团补植乔灌木，岛屿加大水生植物的补植，形成秋冬季芦苇等特色景观。

2. 加快神农庄园二期、假日酒店二期、会议中心及商业中心建设工程。完成投资10600万元。建设神农庄园9号楼主体，3、4、5、6号楼装潢及园内绿化，假日酒店4000m^2的精装修，商业中心5000m^2建筑立面改造。

3. 建设园区文化小品工程。完成投资4000万元。在园区内设置30余组人文雕塑，形成与景观相一致的文化小品，增加园区文化氛围。

4. 潘安古村建设工程。完成投资20000万元。建成仿古村落建筑面积25000m^2及配套景观，形成古色古香的潘安古街、古庙和潘安市井文化。

5. 推进休闲度假屋工程。在园区内建成十座单体在100m^2左右的功能设施齐全的休闲度假屋，以增加游客的吸引力。

6. 建设水神庙工程。完成投资1200万元，建成水神祭祀寺庙及景观配套1200m^2。

7. 园区辅助工程。完成投资500万元。建成日处理垃圾80t的垃圾中转站，完善基础设施供水管网5000m，燃气管网10万m。

8. 村庄搬迁工程。搬迁西段庄1、2、7组，实施拆迁7.6万m^2，完成安置房10万m^2。

9. 潘安湖采煤塌陷地湿地公园二期工程。完成投资40000万元。对2.42km^2地面附作物进行清理，土方开挖及基础设施建设，景观绿化工程启动。

10. 潘安湖采煤塌陷地湿地公园三期工程。完成投资50000万元。对6.53km^2地面附着物进行清理，土方开挖及基础设施、景观绿化工程启动。

第四节 提高科学施工能力

潘安湖采煤塌陷地湿地公园建设工程是一个庞大的系统性工程，施工难度大。在施工过程中，如果不注重提升施工能力，科学施工，将极大地影响工程建设的整体水平和质量，制约工程建设的速度。

一、以现场管理和技术创新及时化解建设"瓶颈"

提高施工能力关键是提高施工现场技术管理水平和技术创新能力。木栈道基础打桩是困扰施工进度一大难题。施工中采取"梅花桩"打桩方式的技术创新，既降低了企业成本，又加快了工程进度。码头围堰降水工程，由于降水工程量大周期长，严重影响工程进度。经过企业技术优化创新，增加基础毛石和加密桩柱的施工方法，不仅优化施工工艺流程，注重标准化施工，而且提高施工效率。

技术创新要紧密结合施工区域现场实际，及时科学调整施工方案，优化施工措施，才能提升施工水平。如环湖路工程施工中，通过现场技术"变革"，采取半幅开挖市政管沟，半幅进行路基铺设，实现了科学合理的交叉施工。所以，技术创新是提高科学施工能力，解决制约工程建设进度的根本措施。

▲ 现场检验材料配比

二、全力做好暑汛期施工

每年6月至8月是徐州气象灾害多发期，暴雨洪涝每年均有发生，这段时间天气炎热、雨水不断，对工程建设是考验期。要充分做好准备，紧紧把握住"汛期"，工作时间节点作为全年绿化目标任务完成的分界线。迅速研究措施，制定工作计划方案，出实招，推进施工。

科学合理制定施工方案。园林绿化工程采取有效的季节施工措施是确保工期和工程质量的一个重要环节。暑期施工主要包括苗木栽植、基础设施道路、管道开挖、沟槽安装、检查井砌筑、土方回填等，必须制定切实可行的雨季施工方案，提前做好各种准备，确保工程质量及工程进度。根据雨季施工的特点与轻重缓急，对不适于雨期施工的工程以拖后或移前，一定要有针对性保证措施的条件下，采取集中突击的方法完成。对暑期施工既要考虑不影响工程顺利进行又不能过多增加暑期费用，增大工程成本。在施工部署上根据雨晴内外相结合的原则，晴天多搞室外，雨天多搞室内，尽可能缩短雨天露天作业时间，缩小雨天露天作业面的突击施工的方法，合理组织穿插作业，善于利用各种有利条件，加快施工进度并适当考虑一些机动的早晚施工施工项目，加强暑期生产调度工作，从而确保室内工程雨多不影响施工，室外工程小雨不间断施工，大雨期内暂停施工，大雨过后即可施工，暴雨过后不影响施工，科学合理的推进施工进度。

以技术为支撑，促进施工。组织有关人员按照施工方案进行技术交底，提出暑期施工技术支撑计划，为施工提供技术支持。雨季施工中要整理施工现场，因运输车辆破坏的现场排水坡度要重新及时整好，保证排水畅通。施工现场主要道路进行硬化处理，路面坚实平整，不沉陷、不积水，行车不打滑、不颠簸。基坑回填施工应及时夯完回填土层，并做成一定坡度，以利排除雨水。开挖的边坡各施工部位做好各项安全防护措施，有备无患。浇筑混凝土前要了解天气预报，尽可能避免大雨又有防雨措施。对大规格和新移栽的苗木进行加固，如三角撑或联排支撑，强度和长度必须与树木大小相适应，同时注意高温干旱易诱发各种病虫害要及时有效防治。

抢进度确定目标计划。把苗木进场的组织作为绿化工程建设计划能否完成的关键措施，特别是对重点区域路面、沟边、施工场地边缘，以及各个死角，要积极落实到每一个工作点面上，苗木栽植的品种、栽植的面积，安排到每天、每个点面栽植的数量。对各个点面要定品种定车次定栽植数量，保证每天栽植计划不拖欠，一天一通报，一天一考核。将基础设施建设细化到每一天挖多少管沟、铺设多少米道路、浇筑多少根柱基、完成多少m^2作业面，采取定施工人员、定施工机械、定建筑材料进场的方式进行考核，确保每天有进度，每周有突破，与时间赛跑，与天气斗法，使暑期景观绿化不仅要干，而且要大干，实现工程建设序时目标任务。

弘扬钉子精神。钉住施工队伍，钉住时间节点，钉住重点问题，全力推进暑汛期施工。钉住时间节点，迅速编排制定大乔木、水生植物的各项工作节点计划，确保各种大树及水生植物全部栽种完成，提高成活率。围绕"抢进度，保汛期"目标任务，各个施工企业、监理单位，工程包挂人明确工作目标任务，明确完成时间，明确工作责任，倒排工期，倒逼推进。要发扬连续作战精神，周六周日不休息，"清明""五一"不放假，只争朝夕，与汛期争时间，与季节抢速度，一分钟不耽误，全天候推进。盯牢施工队伍，抓好"两保证、三落实"。保证施工企业按时间节点计划推进，保证工程建设按质量标准推进。落实苗木进场质量和数量，落实土方，落实施工机械和人员，一着不让抓队伍建设。盯住重点问题。加快航道的开挖疏浚，提高汛期排水畅通；加快推进驳岸线工程建设，确保汛期前所有驳岸线工程全面完成；加快环湖路施工便道整体贯通，完成土方开挖、回填、整形和施工便道基础垫层工程基本结束。坚持每周一三五召开工程建设调度会，每周二四六召开工程技术对接会，及时调度，解决问题。以钉子精神将暑汛期重点工作一锤一锤钉下去，确保钉子钉得准钉得深钉得牢，保持高强度、一刻不放松向目标迈进。

三、把握重要施工节点，适时开展运动式促进活动

五月份是绿化黄金季节，开展"大干红五月，抢进度，保汛期"活动，促进景观绿化工程大干快上，确保汛期前完成各项工作节点，形成绿化景观基本框架，实现"首战就是决战"的目标任务。

按照"精心，精细，精致，精品"的要求，动员全体机关人员，各施工、监理企业，以"干不到第一就是耻辱，争不到一流就是落后"的精神，集中人力、物力打一场景观绿化工程攻坚战，全面掀起景观绿化工程建设新高潮。形成抓管理一着不让，抓进度一分钟不耽误，抓质量一丝不苟的比、学、赶、超争一流，热头朝天的大干局面。

通过活动开展，确保完成"四大目标"，实现"两大提升"。四大目标：集中精力抓好

大树木的集中栽种，确保五月底大树木全面栽植完成，形成基本框架。全力以赴抓好水生植物栽种，确保汛期前水生植物全部栽种完毕。快速推进驳岸线工程建设，确保五月中旬前所有驳岸线工程全部结束。统筹安排，合理调配，加大土方工程力度，完成土方开挖、回填、整形，确保五月份土方工程全面完成。"两大提升"：提升工程建设管理能力和管理水平，在全市城建重点工程建设中实现了争创一流。提升施工企业、监理企业科学施工，能力和技术水平，创造一流优质工程的业绩，在全市"三重一大"项目建设中创出了自己品牌。

以"红五月"工程建设时间节点和标准为实施载体。各施工企业按照各自的目标任务，全力推进施工。监理企业负责抓好现场管理，督促进度，把好质量关，确保活动扎实开展，达到预期效果。按照活动的工作节点和标准要求，对各施工企业、监理单位进行全面督查、验收、考评。表现突出的，予以表彰奖励。工作不力予以处罚。管理处机关包括人员实行月度考核加分办法奖励。

▲ "映日荷花别样红"

六月是"映日荷花别样红"美丽时尚的夏季，按照"精心组织，精细管理，精致施工，精品工程"的要求，开展"六月时尚，绿色精品"活动，在工程建设理念，施工方式办法上体现创新，实现潘安湖景观绿化工程建设的特色化、精品化。并确保完成"双五目标"，实现"两大特色"。"双五目标"：在六月底前完成5个精品标段，5个精致景观小品。"两大特色"：精品标段是在完成乔灌苗木种植80%以上和水生植物全面完成的基础上，实现整体有规模，区域上档次，局部有精品特色。精致景观小品是在与整个精品标段相融合的前提下，以独具匠心的布局，精益求精的施工，建成标准高、品质优、新颖独特、特色鲜明的精致自然景观园林小品，形成以小见大，亮点凸显的特色。按照活动开展工作的时间节点和标准要求，对各施工企业精品标段和精致景观小品进行督查、验收、评比，取三名予以表彰奖励，没有完成任务的予以处罚，确保"六月时尚，绿色精品"活动目标任务的完成。

四、工程建设要讲"抢、快、好、细"

工程建设到了年终全面冲刺的阶段，特别是中秋后秋高气爽，是工程基础设施建设和绿化栽植的大好季节。推进工程建设要讲"抢、快、好、细"。

"抢"字当头，是一种工作理念。就是打破传统的施工方法，优化施工方案，在不影响工程质量的前提下，提高工期速度。"抢"字当头的工作理念，要体现在工程进度的每一个环节，各环节环环相扣，抢工程施工节点，抢施工时间，抢施工工艺，力保按照时间序时完成各项进度任务。如道路和绿化同时施工，在同一施工面要互不影响，雨污水工程和道路工程同步进行交叉作业。"抢"还要抢时节气候，达到事半功倍的效果；"抢"要体现"争不到第一就是落后，干不到一流就是耻辱"的志气。要通过一系列"抢"字当头的具体措施，为整个项目建设装上加速器。

"快"字为要，使工程建设驶进快车道。抓住四季度施工建设的黄金期，集中精力打好绿化建设的"歼灭战"。对一些常绿灌木、藤本植物及水生植物要加快落实补植方案，加快推进实施。"快"在分秒必争马不停步，一秒不能休息，一分不能耽搁，黑天当白天，雨天当做晴天，白加黑，风雨无阻。"快"要在速度序时上见成果，把时间节点卡准卡死，细化到天，以任务倒逼时间，倒逼进度，保工期，保进度。"快"要合理，工艺合规，使每个标段、每道工序、每个节点不错位、不费时、不费工、不返工。"快"要突出重点，要突出栽植品种和数量，每天按车次定量、按品种入场考核，确保大批量苗源不断，再掀绿化种植高潮。

"好"字当先，做到精心精细，精致出精品。严格执行质量技术标准，在细节上不折扣，精益求精，明确质量标准的底线和红线。对所有标段项目要统一检查，发现降低标准的，立即责令整改，对苗木、材料、工艺技术等要严格把关，达不到标准的坚决不用；已经使用上的坚决拆掉或挖出来；对达不到标准要求，当场发现当场追究，事后发现跟踪追究，一查到底决不放过，多措并举打造精品工程。

"细节"决定成败。一件事的成败，往往都是一些小的事情所影响产生的结果。细小的事情常常发挥着重大作用，对工程建设

▲ 施工进度"快"字为要

每一个细节，每项细小的事都要全力以赴。尤其对工程建设的时间节点要抓细抓实。围绕全年目标任务，排出每项工作余下的工作量，将每项工程的每道程序先以时间细化到周、到日；将任务分解到每个施工企业、每个施工区域、每个施工点；将工程量细化到每道施工节点、每道工序；将每个节点完成时间明确到具体日期，责任落到人头。挤出阴雨天延误时间，挂图作战。要把苗木的进场环节作为落实景观绿化的关键。落实到每个标段，苗木栽植的品种、栽植的面积，安排到每天每个企业栽植完成多少棵，对各个施工企业实行定品种、定车次、定栽植的量，按车次定量，按品种入场考核，保证每天的栽植计划不拖欠，一天一通报，违者处罚。将公共基础设施建设细化到每天挖多少管沟，铺设多少m道路，浇铸多少根柱基，完成多少平方米工作面。采取定施工人员、定施工机械、定建筑材料进场的方式进行细化、量化考核，确保每天有进度每周有进展。

五、树立精品和亮点意识

出精品和亮点工程，是潘安湖景观绿化工程建设的基本要求。要实现工程建设精品和亮点，彰显潘安湖湿地景观特色，首要的是全面理解和深化对规划设计方案的学习，核心问题是在施工中体现设计方案中的新理念、新思维和创新。

理念不新、技术水平不高是施工最大的问题。在施工中要善于学会舍得请"高手"，邀

请全国乃至国际上知名度高的施工技术人员和专家参加会诊，切实体现当前最新技术工艺和手法的施工的水平。

实现精品和亮点，要严格按图施工。施工企业要切实领会设计理念和要领，不能任意发挥。不允许施工单位不按图施工，尤其任意扩大苗木配置，对自己有利的就多配苗木，对自己不利的就不配苗木或少配苗。精力不在苗木整体质量和品种搭配上下功夫，不在技术创新上下功夫，过度逐利，不按清单采购苗木和施工，造成既成事实，逼迫建设方让步，导致工程变更量太多，进而带来预期之外的责任风险。对这些行为要坚决制止，绝不姑息。

实现精品和亮点要因地制宜。每个项目的标段，要选准点，在点上开花，先做好示范段，产生亮点。示范段既是工程建设日常工作中的主要抓手，也是建设精品工程的必要手段，每个标段不能少于1-2个示范点，在示范点上下功夫，形成"示范"和"样板"的效果后，总结经验逐步扩展推开。

▲ 主岛中心圆型广场节点

六、安全管理是工程建设的保证

潘安湖景观绿化工程建设面广量大，作业环境复杂，安全隐患多，尤其汛期施工，安全管理是工程建设的保证。

明确安全工作各方责任。工程建设管理部门负责工程建设各施工项目安全的日常管理和监督工作。监督调度各施工企业安全施工，检查落实施工企业安全管理责任履行情况，协调处理各类安全施工事故。各施工企业是所负责工程标段的施工主体，对施工作业区域范围，以及包括沿路、沿岸、沿坡、沿湖、沿岛屿向湖区延伸50m之内的区域安全管理和安全施工负总责，确保工程建设安全施工，无重大人身伤亡事故。各监理企业严格履行监理责任，负责对所监理的项目安全施工进行监督，对不符合安全施工规范，防范措施不到位的工程项目，坚决停工整改，否则承担监管责任。

加强重要施工区域和人员的防范及防护管理。对各类施工机械操作人员进行安全教育和培训，严禁无操作资质的人员操作机械。对各重要作业区施工人员进行安全教育、培训，并采取有效的劳动保护措施，严禁不经过培训的人员上岗。对各类安全隐患大的作业区如水塘、湖面、310国道等重要部位设置规范有效的安全防护设施，设置安全警示标志，严禁敞口施工。沿河、沿坡、沿水面、沿岛屿、沿路及浮桥、栈道，要设置固定醒目的安全警示牌和安全防护网，并实行专人值班巡守。加强汛期雨季堤坝、环湖道路基加固，在符合规范确保安全的情况下施工，并落实专人巡查制度，防止滑坡溃坝事故的发生。加强310国道绿化苗木种植安全管理，凡涉及此标段工程的施工企业，严格种植标准，采取扶木加固，防止风雨吹倒大树造成交通事故。同时，应在苗木装卸栽种现场设立警示标志，提醒过往车辆，防止事故发生。加强临建设施及临水临电的安全管理。临建设施搭建严格执行安全使用规范，确保质量合格，必须使用符合安全标准的防火、防水材料。特别是临建地基、支柱、网架必须符合安全规定和标准，并经相关部门综合验收合格后方可使用。所有临建设施要有专人值班，做好防火、防盗、防触电、防汛工作，加强施工作业区域安全秩序管理。严禁施工人员工作期间酗酒，严禁酒后上岗，杜绝施工人员打架斗殴事件发生，严禁施工人员下湖下水洗澡，禁止本区域水面和池塘洗澡、钓鱼，防止溺水事件发生。加强夏季施工人员劳动保护和防暑降温工作，严防施工人员中暑事件发生。

加强安全施工管理制度建设。成立项目建设安全管理应急处置小组和相应的处置方案及应急机制，保持24小时通讯畅通。各工程标段，一旦发生安全施工事故，应在第一时间上报，立即启动应急处置程序，进行科学有效的现场处置。对隐瞒不报、迟报、漏报的施工企业，一经发现严肃处理。造成重大责任事故，予以终止工程建设，作清场处理。

第五节　把握好施工管理

潘安湖湿地公园建设项目施工区有现场施工企业30多家，人员分布杂乱。施工企业主要包括园林绿化、道路施工、各种管网开挖、桥、栈道、码头围堰施工区、建筑工地等，要管理好这些企业，规范建设秩序，加大对施工企业的科学管理是重要的工作手段，也是推进施工企业加快工程进度的必由之路。

一、建立完善的管理制度

实行集中办公制。既方便工程调度，更能有效地强化管理。在集中办公区域内各施工企业、监理、设计单位建立了制度上墙、计划目标上墙、各种岗位责任上墙、进度计划上墙，公开透明，实行挂图作战，提高工作效率。

实行五大员考勤制。各项目经理、材料员、质检员、施工员、安全员、预算员和各施工区班组长等主要施工管理人员，每天准时出勤，实行打卡考勤制。五大员外执行任务或更换，必须按程序审批。

实行工作例会制。及时掌握工程质量进度，科学调整施工方案、进度，促进各方联系，建立工程建设例会、工程技术对接会、现场调度会，实施周调度、月督查、季总结排名、年度考核兑现的工作制度。周调度进展情况，按工程形象进度和节点计划每个项目每周五上报工程进度表，填报人为项目负责人，责任单位责任人签字认可。月督查通报，对开工的项目每月一次施工现场检查和点评，然后汇总通报。季度总结排名，召开工程季度总结会，可采取现场会形式，总结分析节点计划进度，考核形象进度，综合打分排名，按名次积分公示。年度总结表彰，将项目建设作为单项工作与年度表彰结合，项目负责人，责任单位的业绩，纳入单位年度综合考评打分，兑现奖惩。同时，实施不定期检查与平时考核相结合的办法。通过日清、周清月度计划，年度目标考核为一体化的工作机制，实现考核的日常化、精细化。

实行工程建设计划制。施工企业必须按照施工图编制承担工程的施工组织计划和施工技术方案措施，经过建设方、监理单位认可后，报书面承诺书后组织实施，并严格按批准计划编制总进度计划、月计划、周计划组织施工。

实行联系单制度。工程建设期间设计方案调整，工程量增减，施工现场方案变更等实行联系单制度，管理各方以书面签收或书面文字通知的形式为依据，依法依规推进工程建设。

实行百分考核制。建设方根据月、季、年工程进展实际情况对施工企业、监理单位进行百分考核，评出优秀、合格、不合格企业，并根据年度最终考核结果奖惩。

实行工程过程管理通报制。在工程施工管理中，建设方将根据各施工企业、监理、设计单位在执行工作纪律、工作制度、工作关系和工程建设进度、质量、安全等工作中的表现，实行不定期通报，通报以文件形式发至各施工企业总部，监理、设计单位总企业，并抄报市区建设指挥部和市区行政主管部门备案，作为企业信用等级考核依据。

二、施工考核重在业绩的考核

强化对施工企业人的评价考核。考核管理分值设定为百分制。其中对施工企业人的要求考核占70分。主要包括工作纪律执行、工作制度遵守、工作关系协调。对人的考核强调建立良好的对人的激励机制，提高人的积极性。对人的考核标准体现在德才兼备，并在此基础上对施工队伍的整体能力和人员素质的推断。也就说考核是"知人"的主要手段。而"知人"是用好施工队伍的主要前提和依据。

将各项指标的考核转化为对施工企业关键业绩指标的考核。明确施工企业可控制的关键和重要管理事项，明确重点事项的考核标准和要求，进行量化考核。在工作纪律执行上，自觉签订廉洁工程建设合同，不发生影响工程建设的吃请、贿赂等违规违法事件；不能私自安排劳动力和施工机械设备；不借用领导和其他社会关系打招呼接拉工程、挑选工程。工作制度遵守上，自觉遵守和落实"五大员"考勤制度；保持五大员通讯通畅，不随便更换项目经理，项目建设实行挂图推进限期完成目标任务。工作有方案要有计划、有节点；工程建设安全、优量优质。工作关系协调上遵守合同约定，不无故拖延工期，服从指挥和调度；工作不推诿应付；按工程建设规范办理工程量增减手续，履行工程建设法定程序，各项施工手续齐全，确保依法开工建设。施工现场管理的考核，重点把握各项制度、工作流程、管理指挥网络建设和规范、各项安全防护设施、施工材料堆放、建筑及生活垃圾的日产日清方面的考核。

设置关联责任权重的一票否决。一个组织的愿景是一致的，内部的工作一定是相互关联的，密不可分的。所以在对施工企业管理考核中，把一票否决制作为发挥一个施工企业团队整体效能，增强施工企业团队人员的配合协作的重要指标进行设置。一定关联责任权重将贯穿具体事项的考核结果，按责任关联程度考核，有利于整体目标的实现。对一票否决制，主要对项目经理工地无故缺勤5次以上，例会缺勤3次以上的处罚；不严格执行质量安全施工规范，发生重大质量安全事故；工程建设不按时间节点推进，在甲方不认可的情况下延期2个工程节点或20个工作日；借用他人资质，不履行工程建设手续等责任，实施一票否决，责令施工企业清场，终止项目建设合作。

对施工企业实行分级考核，区别对待，奖罚兑现。考核得分95分以上的企业为优秀施工企业，记入企业工程建设奖励范围，树立示范标段，鼓励创新施工。考核得分75分以上90分以下的施工企业为合格企业，提出书面整改建议，并限期整改。考核低于60分施工企业为不合格企业,监督管理、跟踪观察期2个月,再不合格的施工企业予以清退处理,并扣除履约保证金。

三、严肃合作关系

理顺合作关系,规范建设秩序,是推进工程建设高效有序、廉洁透明的有效手段。

严肃工作纪律。各施工企业在签订BT合同后,要在两个工作日内签署工程建设廉洁合同,履行工程建设廉洁义务。各施工企业不准对属地村镇干部和现场施工人管理人员进行吃请、送礼和其他不利于工作开展的行为;不准与社会闲杂人员结伙安排劳动力和机械设备,坚决抵制强买强卖和私自安排工程的违规行为;不准借用领导关系打招呼接拉、挑选工程。一经发现给予廉洁不良记录并公开通报,影响恶劣的予以终止项目建设,清除现场。

严肃工作制度。明确和固定现场管理"五大员"。并将人员名单报至工程管理部门,不经批准,不得随意更换人员,并保持通讯畅通;严格现场人员管理,对各施工企业"五大员"实行打卡点名考勤,确保现场人员每天按时到位,连续3次或累计5次以上缺勤人员,予以清理;保证工程建设实行挂图推进,有工期、计划、有节点、有序时,保质保量完成。

严肃工作关系。工程管理部门与施工企业为合作关系。双方应依法遵守合同,按照合同约定履行建设责任和义务,服从指挥和调度,严禁推诿应付,拖延工期,不服从管理。并按相关规定和程序办理工程建设各项法定手续,确保依法施工,又好又快完成工程建设任务。

四、工程建设管理程序化

针对工程建设管理过程存在的问题,潘安湖管理处编印《工程建设管理规程》,并在实践中得到了落实。主要涉及工程建设管理、工程建设资金拨付、工程造价、内部审计、工程建设成本控制、工程合同管理、重大事故应急处置、工程建设责任目标考核等规范程序流程。潘安湖管理处是新组建单位,应对重特大工程建设,既无管理经验,也缺乏制度支持,建立《工程建设管理规程》是推进潘安湖工程建设项目的重要保证。程序化管理是一个单位从粗放型管理过渡到规范化管理直至精细化管理的重要手段,如果没有坚实稳固的程序化管理,潘安湖工程建设的任务是不可能完成的。

实施程序化管理关键是制定科学管理规范,符合实际工作程序。对潘安湖重点工程建设项目,严格项目程序流程。从计划批文、方案设计、方案报批、立项、土地、规划、审查确认、工程预算、造价编制、造价预审、招投标、施工合同签订、开工建设、项目竣工验收、工程决算、审计、工程款申请到支付工程款等11个环节,环环相扣。严格按照规定的办事程序去执行职责,完成工作任务。这样一方面阻止了越权行为发生,另一方面避免了事事请示,发生相互推诿和扯皮现象。

工程施工现场管理是工程建设管理最薄弱的环节,对施工现场管理采取比较固定的或天天要做的工作程序化,使工作流程化操作。有标准、有方法、有步骤,有约束条件要求。如对施工项目五大人员项目经理、材料员、质检员、施工员、安全员实行考勤制,每天打卡考勤上班,外出按程序申报批准。项目部工作实行集中办公,每日工作报制度、报人员数量、报机械设备数量、报苗木栽植数量进度情况等,实行挂图推进,使得施工企业所有岗位人员,在遵循基本方法和程序的基础上,开展富有成效的工作。对例行性的工作,即周期性的工作程序化。施工现场有些工作不是天天有，但隔一段时间要做的事情，必须提前编报时间计划，减少工作疏忽，避免事到临头手忙脚乱。如工程建设例会制度每周一、三、五召开，明确监理单位牵头负责，对施工进度情况给予点评，提出质量安全要求，工程管理部门进行工作小结，安排布置重点工作。工程技术对接会制度每周二、四、六召开，明确由项目技术负责人主持，施工技术人员报告技术问题及调整意见、设计单位释解问题，工程管理部门列席会议等。由于程序的管理任务明确，权责清晰，所以各施工企业在职责范围内不需要等待别人处理，有了明确的责任权限，提高工作积极性和主动性。

对工程建设现场管理中的非例行性工作也要程序化。施工现场有些工作和事情偶然发生，工作难以预判，要有应急方案、处置方法和工作流程。如工程建设期间设计方案的调整、工程量增减等工作，实行联系单制度。按程序流程，先由施工企业申报，监理单位签署意见，工程管理部门审核上报，再由工程项目现场认证工作小组组织人员考察提出意见上报审批。对工程质量等突击性检查和安全信访、突发事件发生，明确责任人、现场处置流程、整改情况及后期跟踪报告制度。使用流程化管理，不仅固化施工企业工作流程，改善工作质量，还让施工企业对工程建设目标任务执行有力，不用请示报告，相互推诿。所有施工企业知晓工作任务涉及事务工作分别由谁来做，怎么做以及如何做好标准清楚。工作要求明了，一目了然。现场施工管理的标准化和程序化，也是对施工企业过程化管理，解决了工程建设管理中的随意性，工程质量的不稳定性问题。推进潘安湖工程建设又好又快的开展。

第六节　统筹协作是工作的法宝

潘安湖景观绿化建设工程不是一个部门一单位独立能够完成的，需要多部门多单位多专业的通力协作。尤其作为推进实施建设的主体单位，加强统筹协作，才能确保各项工作目标任务的完成。

一、"四到位"是协作统筹的重要环节

与属地协调到位。建设单位要主动做好与属地村级相关部门单位的工作对接，及时解决附着物清理遗留问题，以及相关的信访稳定产生问题的沟通和协调，不等不靠，发挥自身的优势，主动作为。

通盘考虑到位。对开工前项目建设机械、材料、苗木、资金安排等要一丝不苟科学合理计划。建设单位要调度施工企业各项安排和工期计划的审定，要把施工单位人员、机械及签订的材料合同等逐一审查，确保万无一失。

各方责任到位。建设单位要与施工企业、监理单位、规划设计单位明确责任主体，各司其职，同时与质监、审计、材料认证等单位合作，做好方案的论证和相关政策对接。各服务单位主动服务，靠前服务，全程服务，无缝隙联系，确保施工现场科学有序推进。

技术对接到位。建设单位、施工企业和设计、监理等相关单位要全方位、无空点的技术交底，严禁施工中随便调整或修改方案。

二、明确职责，理清关系

统筹好项目区失地农民劳动力就业安置和施工机械使用管理，不仅有利于工程建设，

也是促进区域经济发展和社会和谐稳定的压舱石。

工程建设管理部门负责项目区内工程建设中所有机械和劳动用工的统一调配，协调各村与施工企业的劳动用工及机械使用关系，监督劳务费用结算。项目区各村委会是本村劳动力及机械输出的组织者，负责组织本村劳动力及机械设备输出的管理，劳动用工及机械设备使用协议的签订以及施工企业结算劳务和机械使用费用。施工企业是工程建设的实施主体，对施工现场管理、工程质量和安全施工负责。负责与村劳动服务企业签订协议，并在管理处监督下，按协议约定与村劳动服务企业结算劳务及机械使用费。

三、统筹好劳动力及施工机械使用管理

劳动力及机械设备使用管理，按照统一管理，统一调配，先急后缓，地域优先，有序使用的原则，对项目区各村劳动力和机械设备进行有计划使用和严格管理。根据项目区各村项目建设的占地比例，确定各村劳动力及机械使用的数量比例，项目占地比例大的村，其劳动力和机械使用的比例相应大，并优先安排使用。各村与施工企业依法签订劳动力及机械设备使用合同，劳动力使用劳资标准根据工种，按照国家规定的当地劳动力计酬标准的市场价格计算，机械使用费用根据不同的机械，按照当年当月的市场招标价计算酬金。施工企业施工人员及机械与各村劳务人员及机械的使用比例为4∶6，技术含量高的工种除外。施工企业据实与村委会进行劳资劳务费结算。其中劳资按月计酬结算，机械使用费用依据作业量及合同约定的计价定额标准按单个项目进行结算。村委会填写劳资机械费用结算申请单，列出具体劳资及机械费用清单，工程管理部门核实签署意见，施工企业拨付。项目区各村委会要严格按照与施工企业签订的劳动力和机械设备使用合同，组织人员和机械进场施工，服从施工企业的管理和调度，按照施工要求施工。施工企业要加强对入场劳动力和机械车主的安全教育，依法组织施工，对不服从管理者，有权提出清退，被清退者不准再其他项目区内另行安排。各村劳动力和施工机械总量产生的效益，按3%提取管理费，按比例分配给各村劳动服务企业。

四、妥善处置劳资纠纷

施工企业与村委会，村委会与本村劳动力及机械业主发生劳资纠纷时，由工程管理部门提出调解意见协商解决。协商解决不了，由纠纷各方依法到劳动部门进行仲裁，仲裁期间不得干扰和影响施工。同时，由管理处牵头建立项目建设劳动力和施工机械管理联席督办机制。村委会、施工企业、村劳动力及机械业主各选一名代表组成联席会办工作小组。每周两次召开联席会议，及时研究解决各种问题和矛盾，实行通报制，对连续两次被通报的企业和村劳动力人员和机械业主，予以清退。对强买强卖强行进入工作现场，并阻挠施工的违规违法人员交属地公安机关进行依法查处，对施工企业不按合同约定欠薪欠酬的，限期督办支付。

第七节 向开园迎客全力冲刺

市委、市政府提出了潘安湖风园区湿地公园建设项目2012年10月1日前开园运行的目标。以最快速度、最优品质，让潘安湖园区跻身全国一流生态湿地旅游区行列，必须全力冲刺。

一、确保"七大目标"完成。

全力推进功能性建筑、公共设施配套建设。实现园区开园必保功能性建筑全面完成；必备配套设施全部到位；必开工的项目全面开工，完成工程预算10.56亿元。必保功能性建筑主要包括客服务中心、快捷酒店、快餐服务、候船厅、农家乐、鸟园设施等9个项目。必保园区配套设施项目，主要包括公共卫生间、垃圾箱、休闲座椅、园区导示系统、游船、电瓶车等10个项目。计划必开项目主要包括民俗大舞台、潘安古村、安置房建设5个项目。

全力提升开园运行整体环境。做好沿310国道、利大路的综合整治改造，全面实施弱电线入地、道路两侧建筑装饰改造、人行道铺装、绿化亮化提升、建设汽车候车厅、停车场、垃圾中转站等10项工程，形成与园区风格一致，设施配套的周边环境。

全力实施园区绿化精品化建设。突出抓好地被植物、水生植物、高低秆芦苇以及路边各施工区域边角带的增绿补植。全面开工建设精品标段和精致景观小品，把园区关键提升点划分出22个精品标段和精致景观小品进行精耕细作，优化提升，形成整个景观绿化工程的特色和亮点，保证园区开园上水平，显特色。

全力主打"三大品牌"，初显园区竞争定位。主攻"三大品牌"，即湿地观光，乡村农家乐，湿地主题公园。湿地观光主要以湖泊湿地观光为主题，在生、野、冷、幽上做文章，体现生态自然，"天人合一"形成一年四季有花的中国最美乡村湿地。乡村农家乐以乡村农家游为主题，在乡村观光、农耕体验、农家小吃、农家小院上做文章，体现乡土乡风，乡野情趣。注重游客的参与感和互动性，打造游客过夜工程，形成独具特色的休闲娱乐项目。湿地主题公园以主入口湿地展示，游客聚集中心服务为主题建设游客服务中心、快捷酒店、湿地展示区、地产购物一条街等主要功能服务设施，构建园区旅游业发展的新平台。

全力建立园区运营"八大体系"，高标准打造园区发展的基础。加快服务体系、导游体系、视觉体系、价格体系、管理体系、培训体系、投诉处理体系、应急保障体系的建设。有效解决运营体系及管理的问题，系统地支撑园区开园运营，让园区迅速正常运营，最大限度节省人力物力，在短时间里完成开园前的运营体系建设。

全力加快人员招募和岗位培训。对导游、船工、游览车司机、客服接待员、酒店服务、保洁、保安、消防安全员、市政管养员、园林养护员、船运技术管理等11个工种进行从业理念、技能和基本知识培训，全面达到上岗工作要求。

全力实施"开园倒排期"启动工程。进一步明确开园前工作筹备要件流程，挂图作战，各项筹备工作细化分解到各部门，责任到人，实行工作倒逼制，保持高强度推进。开展试营运主要试产品项目、

▲ 清理航道保开园

试服务、试运营、试体系的演练，试突发事件解决等需要在正式开园前解决的问题，系统考验项目及服务运营体系，最大限度降低正式开园风险，保证开源运营目标的实现。

二、决战 60 天保开园

为确保潘安湖采煤塌陷地湿地公园 10 月 1 日前开园运营目标实现，集中人力、物力打一场开园运营工程建设及运营筹备攻坚战，决战 60 天，全力保开园。

实行工作目标责任包挂制。对涉及 10 月 1 日前开园运营的各项工程和工作，全部实行管理处班子成员分工包挂，并逐项落实各部门主要负责人，明确责任、倒排工期、挂图作战、限时完成。

实行加班加时工作制。所有参战人员一律采取满负荷工作制。按照"五加二，白加黑"的工作原则，放弃所有休息日，加班加点，十小时工作制，抢时间，争速度，集中攻坚，奋力拼搏。

实行一岗双责制。各分管包挂领导各包挂工作责任人，在突出 10 月 1 日前开园运营工作落实的基础上，统筹抓好管理处年初所确定的各项工作目标推进。要围绕全局、服从调度、抓好部室之间的协调和配合，确保重点工作及全年工作目标任务的完成。

▲ 各项工程进入收尾冲刺阶段

实行村级工作联动制。辖区各村要围绕潘安湖采煤塌陷地湿地公园 10 月 1 日前开园运营的目标，大力实施园区建设带动区域联动发展的战略。突出抓好"一村一品"农业产业结构调整、村庄环境整治、为民办实事工程、旅游服务业发展等各项工作的落实，确保各项工作按序时节点完成。

实行工作目标考核奖罚制。定目标、定完成时限、定奖罚措施，以实绩考核，按结果定奖罚。

三、实现"三到位"保开园

把保开园作为压倒一切的中心工作，坚定开园信心，坚定开园必胜的信念，做到了"三到位"保开园。

硬件设施提前采购到位。23 条画舫船、32 辆观光电瓶车、30 辆旅游自行车、49 类酒店餐饮客房用品标识、桌椅、垃圾箱均在开园前采购安装调试到位。

运营人员提前培训到位。25 名船员、22 名电瓶车驾驶员、8 名园区讲解员、168 员酒店餐饮客房服务人员以及 83 名保洁、58 员保安全部完成强化培训，符合上岗要求进入模拟岗位演练。对 6 个园区专业经营业态实行托管经营。

运营策划和开园活动筹备到位。重点做好开园运营的"十大保障系统"和"六大突发事件处理"。突出抓好开园运营方案论证及实施工作，抓好开园花朝节的筹备。在市区及重大媒体进行立体式宣传并举办"醉美乡村湿地"摄影大赛，潘安湖自行车环湖赛以及开园庆典仪式，花朝节开幕仪式，神农氏祭祀仪式等彩排演练。

四、攻坚克难才能得胜利

距离开园迎客不足20天的时间了，分析当前工程建设和开园迎客的准备工作，存在困难问题很多，在关键时刻，只有攻坚克难，才能取得胜利。

增强政治意识、大局意识和紧迫感和压力感。潘安湖开园迎客的目标，既是市委、市政府工作要求，也是一项政治任务，更是对潘安湖采煤塌陷地湿地公园建

▲ 自行车环湖比赛

设工作的检验，上下要把保开园摆在首要位置，作为头等大事，强化大局意识，进一步增强工作的紧迫感、压力感。坚定开园目标，坚定必胜信心，抓住二十天有效时间，集中人力、物力、财力攻坚决战，在特殊时期，采取特殊措施，抓好落实，强力推进工作开展。

突出重点攻克难点。当前开园必保的功能性建筑和公建配套设施距开园运营要求还有一定的差距，其主要问题是施工企业人手不够，焦点是土建工程不到位，影响后期装饰装潢进度。当务之急要抓好土建工程的工序安排，按区域、按工序、按工作面，排人头、排节点。采取人盯人、人盯材料、人盯工地现场的办法，加快推进工程进度。工程管理部门工作的重点放在商业街、湿地酒店、公建配套管理房、公厕项目的施工现场上，排出每项工程完成的节点，把每一个节点盯死盯牢。施工企业要挑灯夜战，昼夜推进，不惜一切代价，不放弃任何节点。在此基础上注重细节，强化质量监管，确保工程保质保量保时，又好又快加速。同时，做好应急后备队伍准备和应急处置方案，备足应急资金，确保应急队伍在关键的时刻拉得上，进得住打的响。牢牢地将施工进度的主动权控制在自己手中，牢牢地将开园迎客目标实现掌握在自己手中。

狠抓运营工作，确保万无一失。要充分借鉴和学习市内珠山园区等开园运营的经验和教训，充分考虑开园运营游客的人流量，车流量，垃圾处理能力。按最好的目标努力，比照最坏可能性准备，提前做好保安、保洁、车辆停放、人员疏散的应急预案和处置措施。对开园运营期间人员的吃、住、行、如厕等事项早打算、早准备、早预案确保安全有序。同时抓紧推出一小时、半日游、一日游等游览线路，排出多条园区旅游线路，推出精品线路，让每一个层面的旅游观光群体全方位体验潘安湖采煤塌陷地湿地公园的风光。

强化措施，全力应对。抓工程序时节点进度绝不手软。每个工程节点要再梳理、再细化，要将时间进度排到每一天、每一道工序完成都要有时间限制。节点序时未完成备用施工企业要顶上去，进度推不上去的施工企业，立即清理，绝不手软。抓工程进度必须争分夺秒。各施工企业要实行24小时工作制，三班倒。要挑灯夜战，风雨无阻，一分钟不耽搁向前推进。每个施工企业要将白天、夜里每个工作时段人员安排情况，列出明细，由工程管理部门严格考核。包挂领导要扑下身子，深入一线调度。责任人要有忧患意识、责任意识抓好落实。财务部门安排2000万元应急资金作为特殊阶段的特殊资金处理，确保应急资

金使用。对施工企业考核重奖重罚，保障工程进度。各级领导要深入工地，靠前指挥，一线调度，现场督查。重点加强夜间工作现场的督查，对施工企业施工人员数量、原材料进场、工程节点进度每一个环节都不放松，节节落实，节节监管，节节推进，攻坚克难确保目标的实现。

五、试运营真迎客

为保开园运营圆满成功，旅游企业全体员工全面进入运营工作状态到岗到位。

保洁人员在9月20日起对整个园区进行常态化保洁。保洁企业按照所负责的区域做好园区200人以上保洁工作人员定岗定位。及时清理各类杂物和垃圾，并按管理区域定点存放，确保园区清洁卫生。

保安人员全面进入园区各岗位，履行园区安保职责。在9月9日至27日内过渡期，实施常态化管理，严格执行园区人员、车辆进出管理制度，落实各项工作责任，严禁违规放行人员和车辆，落实安保应急处理方案，采取强有力安保措施。因安保责任落实不到位，工作不作为，造成重大人身伤害和安全事故的，严格追究保安企业和相关人员责任，直至清理出场，确保园区安全有序运营。

对船员、电瓶车驾驶人员按照科学合理、有利运营的要求，在9月25日前定船、定车、定岗、定人数、定职责，全部配置到位。对码头、停车场、售票验票处要核定好人员，明确工作职责，规范岗位流程，熟练运营程序，紧张安全有序落实好各项工作。

认真做好开园运营方案、开园活动方案、应急处理方案，明确分工、明确责任、落实任务，确保开园运营安全、有序、隆重、热烈、一炮打响，圆满成功。

▲ 摇橹船

六、三年任务一年半完成

潘安湖采煤塌陷地湿地公园园区建设实现了又好又快开园迎客。一期景观绿化工程从2011年3月16日开工建设到2012年9月29日开门迎客，仅用短短的18个月时间，累计完成投资16亿元。

抢季节，只争朝夕强化景观绿化。突出抓好乔木、灌木、地被植物、水生植物栽种。重点推进22个景观绿化精品标段建设，完成四个环湖精致敞园广场。共栽植大树19万棵，灌木及地被11万m²，水生植物16万m²，新种高低秆芦苇3万株，花朝节期间布置时令鲜花200万盆，形成高中低植物搭配，疏密有致，空间层次丰富的湿地公园景观绿化体系。

抢时间分秒必争公共基础设施建设。突出"供电，供水，供气"三大重点，抓好环湖路铺设，码头、基础铺装、桥梁、卫生间、路灯、停车场、木栈道、游步道、污水处理、雾化处理10项配套工程。克服时间短、汛期施工、天气炎热等诸多困难，争分夺秒推进实施。完成供电专线铺设5000m，河道高压线穿越6000m，建成3个配电室，5个供电箱变组，一次性送电成功。铺设12km园区供水主管网，建成两台自来水深水泵站，园区供水试压一次成功。铺设9km天然气管道，园区酒店实现全面通气。全面完成12个码头1.2万m^2的基础铺装护栏，防撞桶施工。铺设环湖路沥青路面11.6km，木栈道13km，游步道7.7km，完成桥梁24座。13个卫生间及物管房，七个大型停车场，三个临时停车场，全部投入使用，安装24t污水处理站一座，雾化水泵10台，环湖路灯41.7盏，确保了开园迎客。

抢速度全力以赴打好功能性建筑攻坚战。克服图纸方案调整变化与园区景观绿化工程交叉施工，采空区地质条件差，施工作业面小，临水施工环境复杂等实际困难，在时间、任务重的情况下，集中人力物力攻坚。会务中心、客服中心、湿地假日酒店、商业街、农家乐等总建筑面积4.5万m^2的五大功能性建筑，采取交叉施工。错峰施工昼夜推进方式，只用短短5个月时间完成了土建施工、外围基础及铺装。内外装饰

▲ 潘安湖采煤塌陷地湿地公园餐饮服务

装潢，在开园之前交付使用，创造了全市建筑史上同等规模建筑工期最短、速度最快的奇迹。体现建筑施工人员不畏困难、连续作战、高强度、快节奏的能吃苦、能战斗、能奉献的精神。

9月29日，潘安湖采煤塌陷地湿地公园成功开园迎客。国庆节7天接待各地游客41.6万人次，到年底，累计接待国内外游客85万人次，接待国家省市领导视察4776人次，团队接待4422人次。呈现开园红火、旅游暴棚、安全有序运营的好局面。打造徐州生态文明建设新亮点，形成园区旅游大发展的新格局。

七、迎检接待是展示的窗口

潘安湖风园区湿地公园开园迎客实现了规范化服务高效运转。迎检接待工作体现了对外宣传展示的窗口和桥梁作用。在开园迎客的3个月内完成各类迎检会议接待210次，各类客商90余次，迎接国家省市领导视察检查4776人次；公务接待4422人次。在高规格高密度高效率的迎接接待中实现精心组织、安排妥当、保障有力的"零失误"。

服务大局的意识。潘安湖采煤塌陷地湿地公园开园迎客向全社会展示了全国采煤塌陷地生态修复和环境再造的典范风彩和中国最美乡村湿地的风貌。每

▲ 潘安湖采煤塌陷地湿地公园开园迎客

年来潘安湖视察的各级领导越来越多，同时随着园区的发展来考察洽谈的客商也日益增多。这既是展示潘安湖推介潘安湖，争取支持加快发展重要契机。所以充分利用好这些机会发挥接待服务、窗口作用，积极推介潘安湖园区文化特色，完成潘安湖建设成果，推荐潘安湖优势项目，展示潘安湖美好前景，为潘安湖发展赢得更多的支持。

发挥合作平台作用。迎检接待工作不是简单的迎来送往，接待工作不但能出政治效益、社会效益，更能出经济效益。迎检接待的好与坏直接影响潘安湖园区发展的软环境。接待工作牢固树立"接待出生产力"的理念，以更加优质的接待服务赢得更多的支持、更多的服务，为潘安湖带来了更加旺盛的人气和实实在在的项目，为潘安湖园区发展注入更强劲的动力。

实现精细化服务。树立主人翁意识把责任扛在肩上，落实在行动上，每项接待工作有强烈的精细化服务意识，在缜密的细节服务中，从细节抓起，抓好细节。每一次接待做到分管领导跟进，专职人员全程负责，讲解人员解读到位，演好自己角色。同时根据不同的接待对象特点，因人而异，从细微处入手，开展精细化服务。从人员路线、车辆安全、场地气氛、展牌内容等各个环节无缝对接，环环相扣。带着感情做接待，以客人满意为荣，使客人有宾至如归、乐而忘返之感。

八、最美园区需要精耕细作

潘安湖采煤塌陷地湿地公园顺利开园，基本实现了开园运营一炮打响的目标。开园运营中暴露出的问题也要清醒认识，距离成熟园区的标准还有很大差距，打造最美乡村湿地，需要精耕细作。

▲ 潘安湖采煤塌陷地湿地公园全景

优化提升已完成的工程。按照"精心、精细、精致、精品"的要求，对标找差抓好细节处理，边角收尾，局部提升，设施优化，导视系统等五个环节。园区绿化重点做好北环湖路段的绿化整改，提高档次，加强彩色树种栽植，丰富沿湖岸边水生植物品种，增强观赏性。加大环湖路大树、成荫树的栽植和点上的成景绿化，形成绿树成荫，景色各异的效果。基础设施主要对沿湖路边，环岛路地面处理，路牙石修正，桥、路灯和各种管网的整顿，以及游步道铺装、广场铺装、木栈道铺设以及各种栏杆的打磨、油漆等细节处理和破损处修补，消除安全隐患。功能性设施重点做好客服中心、商业街、湿地酒店、环湖路厕所、管理房的收尾和边角处理和各种配套设施的完善，不留死角。主入口主岛区域按季节抓紧更换已栽植的死树，更换档次低的花坛和草坪，对铺装粗糙的路面进行打磨处理，对色彩不一致的栏杆进行统一更换或调整，规范树池高低标准，做到大小高低一致，美观精致。对环岛路面与地面铺装材料衔接和座椅及石凳边角进行细节处理。提升湿地酒店院内景观效果，导示系统和配套设施，主要解决导致系统不全，位置设施不科学，提升不明显的问题。加快雾化和智能化管理系统的工程施工，强化休闲座椅、垃圾箱等配套设施设置，合理调整和增加。

提高在建工程建设质量和速度。会议中心、农家乐、湿地酒店加快主体建设，按序时装饰装潢具备开门迎客的条件。

强化湿地公园的运营。积极引进专业团队，推进公园实现专业化、规范化管理。引进先进的运营理念，向西溪湿地及国内成功运营案例学习，提高公园运营和市场拓展能力。突出商业化旅游营销运作。运用市场化手段做好园区景点包装、宣传和推介。在文化旅游项目上下功夫，多增加文化小品和富有历史文化色彩的设施建设。抓好节、会营销活动，利用办节、办会、办展等活动吸引游客，增加园区人气。

▲ 潘安湖湿地假日酒店

推进园区可持续发展。按照"高端、民俗、文化、互动"的旅游发展思路，加快湿地公园的功能性设施建设，突出抓好乡村休闲健身场所建设，水神庙重建，增强湿地公园民俗祭祀文化氛围。全力推进潘安古村建设，提升湿地公园文化旅游功能。集中精力抓好招商引资，加大蝴蝶岛、醉花岛、枇杷岛等岛屿功能性设施项目的招商合作，推进湿地生态经济区科文基地、养生养老和总部经济建设项目的合作，实现园区可持续发展。

▲ 丰富多彩的功能性设施

第七章
团队建设与激励

第一节　建设一支特别能战斗的团队

一、把心留住

到潘安湖风景管理处工作的同志，大多数是组织选调过来的。这既是组织的信任，也是对每一个同志工作能力的认可。但有极个别同志，心里很纠结。这里是干事创业的好地方，也是矛盾问题交织的地方。想进步吃不了这里的苦，想干事担心矛盾问题引火烧身。总之，心里总有干不好就溜走的"小算盘"。"人在曹营心在汉"，不能适应角色和岗位。人生充满选择，选择高山，就选择坎坷，选择执着就选择磨难，愿每一个同志都能跨越困难，迈向成功。

潘安湖风园区管理处是一个新组建的单位，会有这样或那样的问题。组织派我们过来的首要的是解决问题，干事创业。如果潘安湖没有困难和问题，顺风顺水地发展，为何要请你来呢？来了问题不解决又要你何用！在你感到到处都是问题的时候，麻烦就会一桩接着一桩围绕你，你的心必然会乱。所以，只有心定了问题就会迎刃而解，解决问题，事业才会兴旺发达。

一个真正强大的人，不会把心思花在趋利除弊上，不会被眼前的利益所左右。最重要是提高自己内功，只有自己修炼好了才会有别人对你的认可。学会做一只菜鸟，只为了有一天能成为凤凰。要始终保持奋发有为昂扬向上的精神状态，充分发挥主观能动性，以自己饱满的工作热情，把心思凝聚到事业上，把功夫下到尽职尽责上，把能力体现在完成任务上，扎实工作，在平凡的岗位上兢兢业业、踏踏实实地做好每一项工作，力争每一天都无愧于组织信任、无愧于事业，才无愧于自己。

经常听见有人抱怨工作量太大，环境不舒适，工资太少。这些因素很容易使人迷失方向，影响着个人的发展与成功。我们在工作当中确实会遇到这些问题，这是现实问题。但是这些问题并不会影响到我们的成功，相反只会在处理这些问题的过程中，一起与潘安湖进步，才能不断地提高我们工作能力，为成功积累更多的经验，使我们离成功更近。

在工作时，有的人把工作当成养家糊口的工具，对潘安湖这样正处于开发期环境差、工资低的工作鄙夷不屑，不安心现有工作，到处寻找机会想选择机关事业单位或国有大企业工作；而有的人把工作当成事业来做，爱岗敬业。有的人工作压力大时会抱怨太辛苦，甚至可能选择放弃；而有的人将此视为提高与锻炼自己的机会，珍惜工作，勤奋努力。有的人不太愿加班；而有的人认为八小时之外是在为自己工作，快乐的工作。人的命运一半虽然不能由自己选择，但另一半完全可以由自己决定。到今天为止，你拥有的想法行为和你的选择造就了现在的你。从今以后，你拥有的想法行为和你的选择将造就一个未来的你。其实成功并不是我们想象的那么难，只有找到承认并正视自己的差距，并有迫切改变现状，愿意且为之付出实施行动的人，才能离成功越来越近。走向成功必须从做好每一件事开始，在潘安湖每个人都有自己的岗位，承担不同的事情，只要坚持做好每一件事，便走向成功。安于现状永远无法到达成功。成功不能投机取巧，更不能好高骛远，潘安湖建设目标有一年计划、五年和十年发展规划，只要肯努力付出辛勤的劳动，你就发现其实成功离你很近。最终成功不一定需要具备多高的智谋，有时只需要保持一份良好的心态，保持一份坚持到底、坚定信念，成功离我们不远。

潘安湖将来的成功，一定离不开干部职工的不懈努力和坚持。只要我们在不同岗位上努力地做好每一天平凡的工作，把平凡日常的小事情，一点一滴、一件一件做实做到位，积小成大，聚沙成塔，才能向成功的目标靠得更近。

平凡的事需要认真。越平凡的事，看似不起眼的事，越需要认真的韧劲，才能超群出众，做出成绩。毛泽东同志讲，世界上怕就怕"认真"二字。在潘安湖建设过程中，没有惊天动地的大事，需要的是每个人在不同岗位上将小事做好，认认真真地履行职责，一丝不苟地做事，求真务实地真抓实干，就会把潘安湖规划蓝图变成美好的风景。平凡的事需要坚持。坚持把自己该做的事情做好。工作中不推诿不扯皮，不偷懒耍滑。既不好高骛远，好大喜功，也不贪功冒进，急功近利。你选择了潘安湖干事创业，就选择坚持，你就拥有了成功。把每一件平凡的事做好就是不平凡。在潘安湖湿地项目建设中，每一个平凡的岗位都有各自职责，有的人工作微不足道，到工地跑跑腿、记记账、统计报表等，看起来都是小事，往往让我们漫不经心，工作不认真负责，这样导致一些人可能连一点小事都做不好。在工程建设的关键时期，任何平凡的小事都需要花大力气，下真功夫把小事做细做好，因为潘安湖的大事业是每一个不同的小事情连成的大事业，所以，只有每个人都努力地自觉地做好简单平凡的小事，才能成就潘安湖伟大宏业。

安顿身心，需要从最平凡的每一件事做起，提高工作能力，精进工作，超越自我，走向成功。让梦想在这里飞翔！

二、敬畏工作

近一个时期，随着潘安湖景观绿化开工建设，招录了一大批新人充实到潘安湖园区建设和管理工作中，给潘安湖建设带来了生机和活力。对每个人来说都是一个新的开始、一段新的体验、一扇通往未来的机会之门。但是千万不能视工作为"儿戏"，甚至只是一个养家糊口的职业而已。对一个刚刚上岗的新人来说，我觉得敬畏工作应该是最完美的态度。

敬畏工作是一种态度。潘安湖生态经济区建设是全市发展战略，是全国采煤塌陷地生态修复和环境再造的示范性工程。参与其中，既是奇迹的见证者，也是实践的推动者。我们要怀着敬畏之心毕恭毕敬免犯失误，如履薄冰，杜绝懈怠。态度的不同决定我们工作质量的不同。当你仅仅为混口饭吃，工作会变得没乐趣可言，敬畏之心也就荡然无存。如果我们把工作为事业去追求，能让我们坚守岗位、尽职尽责、积累经验、提高成就感，经过磨砺，在平凡的岗位也会焕发夺目的光彩。敬畏之心会让我们胸中有了定盘星，为人处世有了标准，就拒绝各种诱惑，用法纪和道德约束自己，踏踏实实做事。

敬畏工作是一种责任。有了敬畏之心才会有勇于担当的责任意识，三百六十行，行行出状元，没有工作贵贱，只有责任大小。无论我们做什么事情，都要干好手中活，履好身边责，像雷锋那样"干一行，爱一行，专一行"，将敬业精神注入工作，努力实现工作的高标准，从而成就人生的价值。

敬畏工作是一种成熟。你要明白人生只能由自己负责，不思进取，安于现状是自毁前程。你做的工作不是为他人卖命，而是为自己的未来铺路。你的注意力不只盯住眼前得失，就会有长远的进步。工作不再是安身立命的必须，你拼命工作就会带来成就感。

敬畏工作是对职业的热爱。敬畏让我们产生一种膜拜，有一种神奇的力量激发你内心的动力，全身心地投入工作夜以继日、无怨无悔，工作不轻易的找借口，不随意地拖延工作，为了一种使命和精神感召去努力工作。当一个人、一个团队听从内心的召唤，并付诸行动时，就会产生最大的正能量，而且会迅速扩张，产生更大的导热形成集团效应，使每一个人都能从中获得工作的成功和工作的快乐。

敬畏工作让我们感恩潘安湖，潘安湖给了我们每一个建设者提供了人生大舞台。它让我们由平庸到不平凡，它让我们由幼稚到成熟，它让我们由碌碌无为，变成有激情有梦想的人，它还给我们人生最宝贵的资源和财富，滋养着我们成长。我们要感恩潘安湖。

在潘安湖平凡的工作岗位上，以创业为荣，以实干为责，干出精彩，干出一番新天地，因为，我们怀有感恩的心。感恩之心，让我们知道九层之台起于累土，唯有加油干、努力地干，才有人生灿烂。感恩之心，让我们坚持梦想，积极向上，披荆斩棘才能战胜困难。感恩之心，以事业为重，让人生与事业结伴，让生命与使命同行。感恩之心，让我们保持良好心态，乐于奉献，执着地前行。感恩之心，让我们心中充满阳光，心情愉悦，享受工作的快乐！

潘安湖好比我们栽种的苹果树，为之剪枝修叶，浇水施肥，等到秋天来了，望着那被果实压弯的枝条，我们品尝酸甜可口的苹果时，应当感恩的是那棵树而非是辛劳的自己。因为是苹果树给了我们收获果实的机会和满足。如果没有苹果树，那么我们想浇水都无处可浇了。

感恩让我们幸福生活，感恩让我们拥有美好的明天！

三、提高执行力

潘安湖景观绿化项目施工队伍总体讲是有实力和战斗力的，各级领导给予了充分肯定和认可。但少数施工企业工程建设的计划执行不力，缺少内生动力；没有主动作为和责任担当的自觉性，对所承担的建设项目时间节奏，推三阻四寻找借口，执行力不够，致使建设项目不能按序时完成，创先争优的氛围不浓。我们必须改变这种状态，不断提高执行力。

没有执行力一切都是空谈。执行力源于责任心，责任心贯穿着潘安湖工程建设项目计划执行的全过程。只有每一个施工企业能主动担负起自己的工作责任，坚决贯彻执行工程建设项目计划不打折扣，不拖延，才能保证潘安湖工程建设项目整体的良性运行。

以责任心提高执行力。施工企业要变"要我干"为"我要干"，变"催着干""推着干"为"争着干""比着干"。责任心决定执行力，责任心强，再大的困难也能想办法克服；责任心弱，再小的事情也干不成。有了责任感，施工企业就不会找借口，不会工作挑肥拣瘦，不推诿扯皮，更不会在施工建设计划进度上"玩游戏"，做"假把式"。而是发挥聪明才智，想一切办法打开工作思路，千方百计解决施工中遇到的矛盾和问题。

以履约守信提高执行力。个别施工企业工程建设项目中标前与中标后判若两只队伍，工作热情度下降，不能按时履约，工作处处被动应付，进场慢，施工拖沓，办事效益低下，摆花架子，虚张声势，存在着"作秀"的现象；工作不着边际，无章法无计划，抓不到工程项目建设的重点；缺乏精品意识等等。施工企业肩负着建设工程项目重任，要使自己所担负的建设项目有起色，有发展，必须履约尽责提高执行力，这也是对责任的坚守。要把认真履约的动力变成工作责任。自觉提升，提高项目推进的执行力，这样才能够多一些实干，少一些空谈；多一些深化细化工作方案，少一些理由；多一些激情，少一些应付，才能把工作任务完成的更好。

执行力是担当思维。施工企业执行工作任务要迅速响应，快速行动，积极落实。每一项工作都能一丝不苟，做到精益求精，并举一反三创造性地开展工作，而不是"做完"就了，"做完"工作与"做好"工作虽一字之差，但前者是完成，后则不仅完成了工作，还有一个好的结果。做完是敷衍应付，做好是一种认真担当精神，这就是"想干事的人全力以赴，不想干事的人全力应付"之间的差距。所以要保持昂扬向上，自我加压，攻坚克难的执行力自觉地履职尽责，主动担当，把主要心思和精力用在干事上，认真研究工程建设项目争一流的工作途径和方法，用实际的执行力去担当工程建设的那份责任。

积极主动工作是内化于心、外化于行的执行力。积极主动的执行力是一种工作态度。面对工作遇到的问题能够积极想办法，解决问题，而不是千方百计找借口。抱着积极的心态工作才会挖掘出自己的潜能，为自己赢更多的发展机遇。积极主动的执行力是一把尺子，体现的是"落实就是水平，实干就是能力"。潘安湖建设发展得快慢，取决于落实的成效。工作的差距很大程度是落实的差距。落实是一种观念，我们要把上级领导的决策和制定目标变成自觉行动。离开了落实就是一句空话，所有美好的前景都是纸上谈兵，空中楼阁。积极主动的执行力是工作激情。体现的是只争朝夕、不等不靠，激情是一种超越自己，使智慧与才干光芒四射。激情让我们对潘安湖的事业忘我投入，是攻坚克难中的自信和勇气。

四、做最优秀的施工现场管理者

潘安湖湿地项目建设施工现场管理人员都是应急选配上岗的。这支队伍虽然年青，整体技术力量薄弱，管理能力有待提高，但大家的士气好，想干事愿意干事，是一支充满生机和活力的队伍。

每个人到潘安湖工作，都带有不同的目的，每个人的素质、能力和思想境界或多或少地存在不同之处。过去不论从事什么职业，现在在这个岗位上，不管你喜欢不喜欢，快乐不快乐，你必须先干下来，入进来，再找快乐。要有一种"干一行，爱一行"忘我投入的敬业精神，就一定会成为行业最优秀的人。

施工现场管理者是由建设方派驻各施工现场的代表，是建设工程一线"指挥官"和"督察官"。需要实践能力，善于处理沟通关系，维护工程项目利益，更需要服务意识和大局观念。面对项目建设中要实现的很多目标，树立正确的全局意识，管理者需要立足本职，遇到各种矛盾和问题，首先想到应该是潘安湖的整体发展。因为只有潘安湖发展了，个人才会有真正意义的进步，个人的价值才会得到充分体现。心中有全局意识的管理者，对上可以赢得上级更多决策性意见沟通，对下引导大家心往大处想，抓重点事、突破难点事，实现开拓性完成工程建设目标任务。

▲ 能吃苦会干事的年轻人

优秀管理者是胸怀大志，把干事创业当做自己的天职。每个人都不可能随随便便的成功，人的事业拼到最后拼的都是志向。潘安湖建设项目是人生事业发展的机遇和成长的大平台。抓住机遇是一种本事和能力，在潘安湖大开发大发展的机遇面前，我们要眼光精准，把握大势，着眼做好自己的工作。要有工作目标、工作计划、工作思路和打算，少打个人的"小九九"，不敢管理、不愿问事、遇事躲事、"干一天，算一天"的混日子思想。要有一种"工作没人干心不安；工作没干完心不安，工作没干好心不安"的精神状态，坚决杜绝蜻蜓点水、工作飘浮、办事拖拉等现象。以吃苦奉献干事创业的精神饱满的热情扎实的作风推动工作顺利进行。

优秀的管理者有高度负责，勇于担当的精神。在工作中我们一些管理者交付的工作成果往往是"差不多就行了""比以前好多了"，满足于低标准、低要求是一种不作为不担当的行为，这是导致工作失败的主要原因。对职责范围的工作不认真负责、不严格标准、不努力作为就是一个不称职的管理者。作为管理者要把敢于担当勇于负责作为干好工作的追求。面对工作标准不降低不文过饰非；面对矛盾要迎难而上攻坚克难；面对急难险重任务豁得出来、顶得上去；面对各种歪风邪气敢于较真、敢抓敢管。要增强本领、勇于担当，有了过硬本领才能真担当、真负责、真作为。要不断学习，对业务工作技能一无所知，指挥别人是空谈，必须通过学习掌握熟知业务技术知识，有效化解各方面的矛盾顺利完成项目。要坚持守土有责、守土尽责，以"等不起"的紧迫感、"慢不得"的危机感和"争先进位"的使命感去工作。对施工企业错事或者没有达到要求的，要少指责、多沟通，重在引导和激励，要更加专注于工程建设计划实施、沟通、协调、监督、落实、反馈等更多管理性工作，不断调整工作方法和工作思路，提高驾驭复杂矛盾的能力。

优秀管理者要清晰责任和权力关系。担任工程建设派驻现场代表职务，是一种信任，也是一定的权力，但更需要是一种责任。权力是一把"双刃剑"，可以成就事业，也可以毁灭人生。有没有正确行使工程建设现场管理权力，有没有责任心，责任心强不强，是能不能当好管理者的前提和思想基础。个别管理者追求手中的权力，没有团队合作意识，不去想一些方式方法去处理好一些事情，而是通过权力去阻碍事情往好的方向发展，这样的管理者往往不知道自己的责任是什么？个别管理者学会讨好领导、施工企业、监理单位，平衡各种关系，几方通吃，最终连自己的责任和义务都无法分辨，这样的结局可想而知。要自觉围绕潘安湖建设发展的大局，有效履职积极服务发挥作用；绝不能各行其道因小失大以私废公，要全心全意把聪明才智用到干事创业上来。

五、项目经理本事体现在工地

潘安湖项目建设开工以来，已撤换了二三个施工企业项目经理，原因是多方面的，主要问题是工程建设项目推进不力。潘安湖景观绿化项目建设快速推进，得到了市、区各级领导的认可，但也有个别施工企业的项目经理，工作精力不集中，心思不用在工地建设上，施工现场管理混乱，工程建设计划节点一直拖延，始终处于被动或应付的状态。

项目经理是施工企业的顶梁柱，是施工现场管理的核心人物。好的项目经理能使整个项目高效、有序的快速的推进。所以对项目经理寄予厚望，高度重视，希望潘安湖建设项目能成为每一个项目经理充分展示聪明才干的平台。

项目经理要有全局观念，保工地质量和速度。潘安湖湿地建设项目是徐州"三重一大"项目重中之重，是全国采煤塌陷地生态修复和环境再造的示范工程，建设质量标准高，带动效应强，社会影响力大，所以，项目经理必须站在这个高度，树立全局观念。如果只计较施工企业自身的得失，失去了对全局形势的把握，失败是必然的。现在项目建设越来越复杂，尤其是非技术因素的影响日益增加，但关系全局的还是速度和质量。在项目施工展开前必须加强调研，合理布局，优化设计，拟订和选择最佳施工方案，保证质量和速度的前提下组建项目部，完善管理机制，一以贯之的办法使项目计划落到实处。

项目经理要展示实力干好工地。项目是企业实力的展现，企业实力体现在项目经理在施工建设推进过程中的谋略、敬业精神和经验，提高施工能力保证项目建设又好又快。每个项目在施工过程中都可能发生千变万化的情况，因此项目经理要有灵活应变的能力，对施工现场出现的各种不利情况认真研判到位，迅速作出反应，对项目推进可能遇到的问题，不能大而化之、"想当然"、"到时再说"、遇事拍脑袋等现象，没有灵活应变的能力必然束手无策。所以我们必须着力解决问题，以问题为导向，把问题一条条列出来有针对性的解决。把问题和矛盾消灭在萌芽状态，避免无序盲目、手忙脚乱，导致项目进展受阻。

项目经理要有目标定位实现建设施工。施工项目要达到预期成果目标有很多，但核心是质量目标、工期目标。要熟悉合同提出的项目总目标，对招投标条件、施工图纸、当地气候资料、工程地质、人文情况等要心中有数，熟于心中，然后一鼓作气按工程建设计划快速突破，这样可以摊薄成本，争取效益，赢得声誉。质量是企业的形象和饭碗，必须严控制，从原材料采购、检测、工艺、工序质量标准等要确保每道工序、每个流程都符合质量要求，评价项目好坏最后的标准是工程质量建设，要努力实现速度和质量的同步进位。

第二节 正向激励始终保持团队战斗力

一、首战就是决战

今天是春节后第一天上班，节前没有松劲，节后也要时刻紧绷工作这根弦。面对春季即将开工建设的湿地景观绿化工程，必需彻底收心，迅速进入工作状态，开局就发力，以"首战就是决战"，起步就是冲刺的精气神，迈上新征程。

坚定"首战就是决战"的必胜信心。"首战即决战"是指现代战争条件下，通过首战即完全战胜敌人，取得决定性胜利。潘安湖生态经济区景观绿化工程建设项目已上升为全市发展战略，作为全市"三重一大"项目中重中之重，必须首战告捷，旗开得胜。要树立"不战则已，战则必胜"的信念。"首战就是决战"，决战决胜不仅是一种勇气和魄力，更是一种工作效率和速度。"首战就是决战"，能够鼓舞信心和勇气，激励施工人员一鼓作气将工程建设做深做透，直至做出精品工程。"首战就是决战"，能迅速在形象影响力快速提升潘安湖知名度、美誉度。"首战就是决战"，胜在持久，是一个一胜再胜，一胜到底的全程获胜。要弘扬破釜沉舟、决战决胜，坚决打赢项目建设攻坚战，尽快把项目规划蓝图变成进展形象图。

实现"首战就是决战"的目标。要为项目顺利开工建设谋篇布局，要围绕"三年目标一年半完成"，确立"2011年十大工程"建设任务，做生态修复和环境再造示范工程，打造全国最美乡村湿地总体目标定位方向。有什么目标定位就有什么档次品位，有什么样创新突破，就有什么样崭新实效。所以我们要高站位瞄准目标，聚焦项目建设中的难点，重点问题采取"攻山头、炸碉堡、啃硬骨头"，全力推进项目顺利开工建设。把必须干的事早走一步，规律性的事早谋一步，苗头性的事早抓一步，才能为工程建设赢得时间和主动。要精心组织工程建设计划方案，细化量化目标任务，建立和完善工程建设各项管理制度和机制，把工程建设开工前各项准备工作做足做细做实，不能走一步看一步，要保证首战必胜，决战决胜。要坚持攻坚力量放在第一线，一线解决问题，各项目标按计划目标有序实施，形成开局即决战，起步就冲刺的工作局面。

"首战就是决战"靠得是打拼。美好的蓝图变成美丽的风景，不会等得来喊得来的，而是拼出干出来的，面对建设工程目标任务，敢拼才会赢。要拼速度、拼力度、拼强度、拼质量、拼成效。在这一过程中，必须充满韧劲，一往无前，一以贯之抓到底，坚持坚守始终，做到"精神不倒"。必须找对方法，工程建设时间紧、任务重、困难多，既要与目标任务对接一致，又要与基层开展工作实际接轨，"只要思想不滑坡，办法总比困难多"，迅速找到务实管用、立竿见影的好方法好措施。要眼睛往下看，身子往下沉，劲头往下使，切实挺在工程建设第一线。日常工作从小处做好，立足于早、着眼于快、落脚于实，以一种全力以赴、不胜不罢休的决心和毅力拉起肩上沉甸甸的责任使命。勇于付出勇担当，精于实干，汇聚各方力量，推动干事创业的态势，真抓实干的氛围，击鼓奋进的局面，以决战和冲刺的态度，攻城拔寨的攻坚克难，起好步、开好头，就一定取得决战的胜利。

二、有目标就有劲头

潘安湖景观绿化建设工程已全面启动，工程体量大，标准要求高，干好这项工作很大程度上取决于有无正确适当的工作目标。有了工作目标，才有工作方向。工作目标就是在一定时期工作预先安排和打算时，要制定的工作计划，养成做工作计划的习惯，有利于日后按这个工作计划流程来走，能让我们工作有底数，少走弯路，掌握工作的主动权，有条不紊地开展工作。

工作目标要清晰。要根据管理处工作计划目标编制自己的工作目标。这个目标能够分解成每一个细小计划目标，可具体实施和操作的目标。这个目标还要与潘安湖景观规划和专项规划设计相统一，年度目标和季度目标相统一，季度目标与月度目标相统一，月度目标与日计划相统一，环环相扣。每项目标任务实现具体化，在完成过程中都有阶段性要求和标准。而每个阶段又有许多环节，它们之间常常是互相交错的。因此，制定目标计划必须胸有全局，妥善安排，哪些先干，哪些后干，应清晰合理。而在实施当中，又有轻重缓急之分，哪是重点，哪是一般应该明确，千万不能大而化之，导致工作目标无法实施。

工作目标要实际。工作目标要根据工作任务实际需要确立的一个合理的目标计划，而不是切合实际的空想，不做调研、不做分析项目实施内容、不了解施工企业情况，这个目标计划就会不成功。所以制定工作目标要切实可行，根据客观条件统筹考虑，周密计划，将怎么要做的写的明确具体。时间安排上要有时限又要有每个阶段的时间序时要求，使施工单位和相关人员知道一定时间内一定条件下，把工作做到什么程度，以利争取主动协调推进。同时，要根据工作可能出现的偏差、缺点、障碍、困难，确定如何克服的办法和措施，以免发生问题时工作陷于被动，使目标实施受阻。

工作目标要有导向思维。工作上无论一个人多么优秀素质多么好，如果没有一个鲜明工作目标导向思维，很难成功。许多人并不乏信心、能力、智力，只是目标导向思维不强烈，工作的局面是打不开的。工作目标导向是自我第一驱动力，也是努力的根本理由。让目标感强烈驱动自己做事，一旦确立目标，就会坚定不移不受任何干扰的向着目标前行，直至达成为止。导向思维要建立问题导向工作机制，针对工程建设中存在的问题分析，拟定解决问题的办法。导向思维要有突破常规的思想。善于抓住关键环节和杠杆点，具有四两拨千斤的能力，以点带面示范效应好。导向思维要有大局观，深刻领悟上级规划目标计划，不曲解，不打折扣执行工作劲头足，坚定目标信念，朝着目标扎实前进。

三、让奖罚激发团队活力和动力

团队的活力源于内生动力和外部的激励机制产生的积极性、创造性。潘安湖景观绿化建设工程开工以来，特别是在开展"大干红五月，抢进度，保汛期"和"六月时尚，绿色精品"活动中，各施工企业抢先起步，抓绿化黄金季节，全力推进工程建设又好又快。让我们认识到必须运用综合的奖罚手段，激励团队产生活力和动力，让团队达到最佳状态。

（一）重视施工企业团队激励引导

在激励综合运用上，把握最佳时间阶段。每年四、五、六月是徐州开展绿化植树最佳季节，适时开展"大干红五月"和"六月时尚"两项活动。在两个活动开展的节点上，明确工作目标任务下达奖罚措施。通过推行目标奖罚使企业既有目标又有压力，产生动力，努力完成任务。同时对个别施工企业表现优异，率先和领先完成目标任务的，及时推动精品标段和景观小品创新活动，提高奖罚标准，提升企业斗志，以更加高昂的精神状态投入到下一阶段工作建设中，起到项目建设模范和引领作用。在表彰奖励时，专设创新奖、鼓励奖、先进个人奖，分别给予1000~2000元奖金。

奖罚要有足够的力度。如果奖罚不适当不能起到以小博大的激励效果，就通过综合手段重奖重罚。对于奖罚的方法必须与施工企业事先约定，无论奖励还是惩罚都必须对应于不同的行为和行为程度有明确奖罚方法限定。在两次活动奖罚中，我们事前约后奖罚方法，双方认可。在节点考核结果出来后，就立即召开表彰会予以重奖重罚。在这两次活动中表现优秀的施工企业江苏大千重奖2万元，计入企业奖励范围2次，累积计入奖励12次，可返还企业保证金，预支工程款1000万元。对第二名杭州园林奖励1万元，计入企业奖励一次。对未完成目标任务的江苏山水企业等两个项目经理予以通报批评,报至其企业集团总部,同时各处罚企业项目标段1万元,各罚缴纳工程保证金100万元,各计入考核不合格项目经理记录一次。奖罚虽然目的不是钱,而是一种激励措施,让落后企业赶有目标,知耻而奋进。

物质奖励与精神奖励相结合。物质奖励主要通过发奖金、返还保证金、提前预支工程款等形式奖励,精神奖励主要通过荣誉奖励如会议表彰、通报表扬、上光荣榜、评选先进标兵等形式奖励。同时,引入竞争性奖励机制,提倡对企业分级考核,区别对待,让企业之间有序平等竞争的同时,又有差异化待遇,推进优胜劣汰。

(二)加强工程管理团队的建设

潘安湖管理处出台了《内部管理制度》建立了一套健全的规章制度。正如一个人有健全的四肢及协调性,各司其职,按章办事。制度是一个单位存在和发展的体制基础。更是高效发展的活力源泉。良好的内部管理制度充分调动各种要素的积极性,让每个干部职工都能在本职的岗位上迅速掌握自己需求的工作技能,有利于员工与员工之间,部门与部门之间,上级与下级之间进行有效的沟通和联系,使内部之间工作失误降到最低。

制度也称之为员工的行为规范。制度化管理就要达到"一切按制度干事"的目标,当每个人都把制度牢记于心融入行为,并贯彻到自己的工作中的时候,就不会见风使舵,察言观色,就不会因人情而左右决策。潘安湖工程管理团队靠的就是制度的管理。只有制度完善才能更好的约束人的行为。通过固化工作流程,规范行为准则,实现制度管人、管事,打造一支善操作、会落实、能创新的干部队伍。形成"风清气正,干事创业,勇争一流"发展氛围,对实现机关内提素质外树形象起到有力的推动作用。

第八章
体制机制创新与突破

第一节 在艰苦创业中寻出路

潘安湖管理处成立之初,既无属地管理职权,也无人财物统筹管理权限,推动工作主要靠协调。项目建设区在大吴镇、青山泉镇所属7个行政村,自身上无片瓦下无立锥之地;工作人员除班子成员3人以外,全部为借用人员;机关运行费用没有纳入当年财政预算管理,正常运行费用没有一分钱来源。人员临时思想严重,职能虚化,责权不清,凝聚力和战斗力不强。承担潘安湖项目建设和发展的重任最根本的出路,就是艰苦创业自力更生,走出一条实干创新发展的路子。

一、实干是立业之基

实践证明,任何宏伟目标的实现都是踏踏实实干出来的,只有将工作一件一件的落实,才能够保证建设成果,没有等出路的美丽,只有干出来的精彩。面对困难和问题,管理处一班人明白:等、靠、要死路一条。放弃幻想,实干才是干好潘安湖的前提,也是潘安湖建设发展的唯一出路,只有突出实干做到真实干、干实事,才能实现潘安湖发展的目标,才能赢得组织的信任和认可。实干是一种精神状态,不搞形式主义,不摆花架子,干在先行,不躲避,不怕事,不怕苦,不怕累,心无旁骛地把心思和精力都用在实干上,有一种干不好事,干不成事,吃不香,睡不着的思想境界,真正把潘安湖的发展目标系在心上,融化在实实在在的行动上。"九层之台起于累土",要把潘安湖的蓝图变为现实,必须不驰于空想,以实干为荣,以实干为责,披荆斩棘,艰苦创业,力克困难,从而,为潘安湖发展赢得先机,为潘安湖宏伟目标奠定基石。

▲ 奋斗在一线的部分工作人员

二、创新是引领潘安湖发展的不竭动力

管理处牢固树立抓创新就是抓发展,谋创新就是谋未来的思想。潘安湖现有行政管理

权限不足以支撑承担潘安湖建设发展的重任。要真正实现区域建设规划落实的合理性，园区发展的长远性，经营运行的效益性，最根本的问题就是创新潘安湖运行机制，优化行政管理权。在实践中积极探索，不断学习。一方面积极主动向上争取政策支持，锲而不舍地改革运行管理模式，推动潘安湖实现统筹区域管理，统筹运行管理，统筹资源管理，协调推动区域发展，形成潘安湖建设发展的强大合力和动力。另一方面，对现有工作机制进行大胆的创新管理模式，搭建好发展"三大平台"。组建"潘安湖建设发展有限企业"，将潘安湖所有投资建设项目，按市场化运作，由建设企业作为主体单位对外发包项目，承担工程建设和管理。组建"潘安湖旅游发展有限企业"，参与园区建设的同时，做好旅游策划、人员培训和后期运营管理。组建"都市旅游投资发展有限企业"，搭建融资平台，为项目建设筹措资金，破解园区建设资金瓶颈。通过这"三个平台"建设，建立了实体运作管理的新模式，从根本上解决了职能虚化、人员吃饭问题和归属管理的现实问题，全面打开了潘安湖建设发展的新局面。

发展是解决潘安湖一切问题的基础和关键。潘安湖景观绿化建设项目刚刚启动，百端待举，但须有缓急轻重之分。管理处把景观绿化建设项目的开工建设作为第一要务，紧紧抓在手中，扭住这个牛鼻子，一着不让地做好工程建设前期准备工作，编制和细化当年度"十大工程"建设投资概算，抢先起步，迅速开展22个标段的全面开工建设任务的落实，将精力和聚集点全部放在项目建设和发展上，让发展成为潘安湖干部职工干事创业的主旋律，从而凝聚人心，鼓舞士气，提振信心，掀开了潘安湖生态经济区建设和发展的历史篇章。

三、突破体制"瓶颈"

随着潘安湖景观绿化工程建设的不断深入，在建设管理和区域协调中一些矛盾和问题越来越突出，形成了制约潘安湖建设发展的"五大瓶颈"。

体制"瓶颈"。新组建的管理处在项目区人、财、物管理上没有实际的统筹管理权限。对项目区工作推动主要靠协调，管理的难度越来越大，协调的层面越来越多，导致执行力不强，执行效率不高，许多工作都需要上级领导出面协调和全力推动，才能落实下来。加之，操作的层面复杂，项目区内干群的条块思想严重。形成条块分离，特别是在劳动力配置、机械使用、拆迁安置、土地征用等方面，因涉及各镇村利益，使矛盾复杂化、利益化，势必影响整个潘安湖大规划建设和实施。

管理"瓶颈"。管理处只是一个协调推动的部门，没有行政管理职能，难以很好贯彻落实上级作出的各项决策。对规划控制区内的乱耕乱种，违章抢建，违法取土等问题，一方面镇政府鞭长莫及，另一方面管理处无权管理。加之，在镇级经济工作任务十分繁重的情况下，需要拿出主要精力才能解决。特别是拆迁安置工作，因拆迁补偿、安置房建设、土地指标统筹使用问题，对涉及跨镇跨村的选址搬迁、安置房建设等区域协调问题管理处无从下手，导致项目区各自为政，有利益的事抢着做，无利的事躲着做，形成推诿扯皮。

资金运作"瓶颈"。潘安湖湿地项目建设采取的是"BT"合作方式。按照合同约定，一年后将进入分期付款的高峰期，资金偿还问题事关潘安湖后续工程建设。若处理不好，将成为政府的包袱和负担。潘安湖资金运作的成败，关键在于土地收储和土地运作以及招商引资市场化经营，按照镇村土地管理模式，项目区土地运作无法实施，势必导致潘安湖前期建设资金无法偿还，后续建设资金无法落实。同时，在整个潘安湖建设的投资上无法控制成本。主要是管理处在推进村庄搬迁附着物清理上，由于利益驱使，层层利益"剥皮"，致使"集体利益诉求"不断，"钉子户"层出不穷，"困难户"欲壑难填，"阻工户"越演越烈，运作的土地无法按序时计划开展，导致今后拆迁成本、土地使用成本大幅度增加，造成整个潘安湖建设的投资成本增大。

经营运作"瓶颈"。潘安湖经营运作主要是依托当地资源，依托当地的农耕文化和自然风光来实现经营效益的最大化，推动和维护园区的发展运行。目前，管理处与项目区各行政村既没有行政隶属，也不是上下级关系，属典型的"两张皮"模式。因园区各景点建设分布在各个村的行政区域内，园区建成运营后，如果没有一个统一的运营主体管理，将会导致运营的利益分配、运营的劳动力使用、运营区域的社会管理和资源分割等问题无法解决，形成管理和运营的分离和整个园区管理的主体混乱，特别是在招商引资运营项目中，因潘安湖许多景点建设所占用的土地及水面是跨村域的，招商运营则是按每个景点实施的，这无疑在今后的利益分配和村民管理上增加了难度。并且最终会形成土地使用权、设施产权、经营管理权不明晰、不统一。形成建设经营管理的脱节和经营的"孤岛"，导致经营管理的失败。

生态"瓶颈"。潘安湖湿地景观工程建设项目区内涉及污水、排水、生活垃圾处理、周边镇村办企业扬尘、化工废水排放等污染问题，如不控制在一个行政管理的层面解决，必然形成各行政村为各自利益各管自家一亩三分地，潘安湖生态经济区建成区的长期生态保护形成一纸空文。

综合以上问题，在管理处人财物无法实现统筹管理、属地管理的情况下，积极主动向上级争取相关政策支持，优化管理权限。并按照统筹兼顾和协调一致的原则，建议先期将核心区内的马庄村、西段庄村、潘安村、瓦店村四个行政村纳入管理处管理，在适当的时候，将项目区内的所有行政村全部纳入管理处管理，形成规划要求的潘安湖生态经济建成区。

2011年10月22日贾汪区委、区政府批准了《潘安湖风园区管理处扩大范围实施方案》。同时，明确了管理处为潘安湖项目建设区域人财物属地管理的责任主体单位，为区政府派设机构。实行人财物属地管理，计划单列，参加区政府年度工作目标综合考核，对辖区内的建设、拆迁、土地征用、信访稳定、社会发展实行统筹区域管理、统筹运作管理、统筹资源管理，独立承担区委、区政府下达的经济建设和社会发展目标任务。理顺了管理体制，从根本上解决了辖区建设和发展各自为政的局面。推动了潘安湖湿生态经济区快速跨越式发展。

四、点燃失地农民热情

失地农民融入潘安湖生态经济区建设和发展是我们绕不过、躲不开、推不掉的必解难题。在潘安湖生态经济区建设的关键时期，迫切需要一个和谐稳定的社会环境，迫切需要一种全民参与、齐心协力、上下互动的氛围。适时开展"热爱潘安湖，建设幸福美好家园"为主题的系列活动，使失地农民融入潘安湖，点燃了建设和发展热情。

全面开展"互动发展,和谐发展"主题宣传教育。在各村广泛开展"解放思想,互动发展大讨论"。让每一个失地农民明白,潘安湖生态经济区建设,不仅仅是改变周边生态环境,更重要的是实现生态发展惠及百姓。让百姓幸福满满地算经济大账,谈收入变化,讲发展,绘安居乐业未来,说身边变化分享发展成果。管理处从发展的实际出发,积极建立健全社会保障机制。解除失地农民后顾之忧。采取多项保障措施,对区域生活困难失地农民实行生活保障补贴措施。建立健全区域城镇基本养老保险服务体系,提高养老补贴标准。认真落实农村合作医疗和城镇居民医保制度,加大社区医疗服务站点救助设施和服务人员的投入,建设一流的村民医疗救助体系。适时出台《关于加强失地农民就业和生活保障的工作意见》,按照"管理处能承受,群众能接受"的原则,逐步达到四个100%。即失地农民劳动力就业率100%;失地农民社保率100%;60岁以上失地农民中老人和"五保户"人员供养率100%;区域失地农民合作医疗参合率100%。增强和坚定了失地农民对园区建设和区域发展的信心,让园区建设带动区域发展的理念深入人心。

开展"我是园区主人,我为园区奉献什么?""我是潘安湖人,我要为园区建设做什么?"各类征文活动。增强失地农民主人翁和主动发展的意识。举办"潘安湖湿地美景摄影大赛"和"热爱潘安湖建设美好家园"演讲比赛。让失地农民通过各种活动开展以自写自报自讲的方式充分表达自己的心声,释放自己的激情。组织"千人赴杭学习西湖西溪,万人看潘安湖"活动,通过实地实景参观学习了解湿地发展的未来,展示潘安湖建设规划和建设成果,开阔了眼界,解放了思想,让失地农民看到发展给自己带来的眼前实惠。开展"四比四争"活动。即比参与园区服务和建设,争劳动力和机械输出产值第一;比一村一特色产业结构调整,争村级经济转型发展第一;比村级运营成效,争旅游服务业收入第一;比信访稳定、安全生产案件率下降,争精神文明建设和谐村庄第一。管理处与此同时实施大规模失地农民就业培训计划。努力提高失地农民劳动就业技能,并分批次搞好中短期专业技术培训。用两年的时间对区域内失地农民进行绿化种植、机械设施使用、物业管理、游船驾驶、食品加工等专业技术培训,培训率达到90%以上。大力拓宽失地农民就业空间,对区域内企业吸纳失地农民用工数较多,达到20人以上且两年内相对稳定的予以奖励性补助。加快失地农民劳作方式转变,鼓励失地农民个人创办经济实体,参与园区商贸服务业经营,两年以上个体户一次性奖励2000元,并给予资金信贷支持。让失地积极参与区域经济产业结构调整和劳务输出,使园区服务业发展形成良好激励机制。开展"我是党员,我奉献"活动。聘请辖区一批老党员、老干部作为工程建设义务监督员,让他们在参与管理和监督工作质量进度的同时,义务做好服务和协调。开展"党员义务奉献日"活动,辖区每名党员为潘安湖建设做一件实实在在的好事情。评选十名优秀党员,用他们的名字进行园区树木挂牌命名,成为园区建设的榜样。评选十佳优秀村党员作为后备干部人选。让热爱潘安湖建设美丽生态潘安湖,成为每一个失地农民自觉行为。

树立互动发展和谐发展新风尚。开展"园区建设优质服务互动月"活动。发动各村失地农民参与和支持项目建设,实现"零阻工、零障碍、零偷盗、零治安事件"目标。对涌现出的先进村组、优秀村民给予表彰奖励。树立典型,弘扬正气,倡导和谐。成立涉民涉访民事议事协调委员会。加强失地农民的自治能力,强化矛盾化解和事务协调。邀请公检法司部门工作人员法治讲座、案例教育和普法宣传,教育失地农民依法办事,遵法守纪,自觉维护潘安湖建设的大局。打防并举，对一些强买强卖、偷盗、恶劣阻工、非法闹访的不法分子依法打击，召开公开处理大会，形成打击一批、处理一批、震慑一批高压势头，坚决遏制社会黑势力在辖区范围内抬头，依法维护园区建设秩序。开展"信访积案消化月"活动。采取有效措施进行积案消化处理，抓信访要案不放手，积极化解矛盾，防止矛盾扩大升级。抓安全生产，坚决消除一切安全隐患，杜绝安全事故发生。加大社会治安综合治理，采取群防群策，共同维护社会安定大局。推动潘安湖园区建设和区域发展同步发展，让失地农民的幸福感在青山绿水之中。

为互动发展、和谐发展提供良好的社会环境。管理处加大村级公共基础设施建设配套资金投入2亿元，提高失地农民的幸福指数。按照园区整体规划，积极推进撤村建居，建立大型安置小区，实现失地农民向城镇居民身份的转换，对搬迁建居不在原区域安置，逐步集中向中心街区安置。提高安置街区绿化和建设标准及各种配套设施水平。统筹集体存量资产，壮大村级集体经济活力。盘活村组集体资产、资金，保存量不流失，保持资产增值。创新社会管理。对各村全面实行社区化管理，企业化运作。坚持以园区建设带动村级经济发展，强化征地保障制度，实现"即征即保"。加快社区卫生服务中心建设，大力实施农村敬老院"关爱工程"，构建多元化养老设施格局。探索农民变市民的推动机制，出台了《关于全面推进失地农民变市民的工作意见》，在解决失地农民居、住、行和就业上享受与城市居民同样的待遇，让农民变市民成为现实。为让广大失地农民积极参与潘安湖的建设发展和运营管理，出台了《潘安湖项目建设区各村劳动力及施工机械使用管理的意见》，统筹解决好有效劳动力安置和无效劳动养老等问题。全力提升村庄环境，加快改造村容村貌和基础设施村庄道路硬化、亮化、改水、改厕、垃圾清运工程，全力打造"美好城乡"工程。

五、机构的变化与实践

2010年2月22日，贾汪区成立"潘安湖生态经济区管理委员会"，并从相关单位抽调人员，正式启动潘安湖生态经济区建设。

2010年6月2日，徐州市成立了以市政府副市长王昊任总指挥，贾汪区政府区长吴新福任副指挥，市相关部门负责人为成立的"徐州市潘安湖生态经济区建设指挥部"成员，正式上升为徐州的重要战略部署，得以加快组织实施。

2010年10月8日，经市委市政府批准"徐州市潘安湖风景区管理处"正式成立（徐编复【2010】50号），"潘安湖风景区管理处"被核定为隶属于贾汪区政府相当于副处级的全额拨款事业机构，为潘安湖湿地生态经济区建设提供了体制保障。

2011年10月22日，贾汪区委区政府关于《潘安湖风景区管理处扩大管辖范围实施方案》，将青山泉镇马庄村，大吴镇西段庄村、潘安村、瓦店村四个行政村采取"隶属关系不变，管理权限转移"的方式，由潘安湖风景区管理处行使对四个行政村村级管理权。理顺了管理体制，整合了资源，从根本上解决了园区建设，条块分离，辖区发展各自为政的局面，推动了潘安湖生态经济区实现了快速建设跨越式发展，区域经济全面发展。

2013年8月16日，贾汪区委区政府召开行政区划调整会。成立贾汪区潘安湖街道办事处，设立潘安湖街道办事处党的工作委员会。原贾汪区夏桥街道办事处现职人员整建制移交到潘安湖街道办事处。原大吴镇潘安、权台、荒里3个村委会和瓦店、西段庄2个居委会区域与青山泉镇马庄村及权台煤矿街道居委会整建制划入潘安湖街道办事处。办事处与管理处一套班子，两块牌子。新机构按开发区模式推进生态经济区建设，是一种体制探索。给生态经济区可持续发展和区域协调发展带来了新的历史发展机遇。

第二节　突破建设资金瓶颈

一、解困融资难

2011年3月潘安湖景观绿化工程开工建设，是当年全市"三重一大"项目中单体项目投资最大，建设规模最大，建设标准最高的"样板工程"。社会影响力巨大，打破了"有钱才能干事"的思想禁锢。这一成绩取得，至关重要的一项工作就是"融资"。融资工作不仅有效整合利用了潘安湖的资源，破解了资金"瓶颈"，而且下活了潘安湖资金融、投、用、管的一盘"大棋"。对整个潘安湖的建设起到了最有力的支撑保障作用，是整个潘安湖建设中可圈可点的浓重一墨。

在探索和创新中艰难起步。2010年10月徐州市潘安湖风景区管理处成立之后，潘安湖生态经济区建设被市委、市政府上升到市级战略层面运作，项目建设的筹备和启动工作紧锣密鼓展开。为此，潘安湖风景区管理处制定了"一年初具雏形，两年开园运行，三年达到国家级3A园区建设标准"的发展目标。然而，面对计划投资额8亿元的景观绿化工程，资金成为了最大问题。"钱从哪来"，是当时压在管理处一班人心中的一块巨石。没钱能不能干成事，也成为外界对潘安湖建设的最大的质疑。在市、区两级财政无资金拨付的情况下，怎样启动项目，怎样做好潘安湖建设这个"无米之炊"呢？等、靠、要显然不现实。"等"，等不起：因为每年3~5月绿化黄金季节一错过，就要等下一年再栽植。"靠"，靠什么？面前是5km²的采煤塌陷区，还有周边废弃的工厂，别无可靠。当时管理处账面上可用的资金连维持基本的日常运转都成问题，无资源、无资金可靠。"要"，要什么？当时市委、市政府已明确规定，给潘安湖建设9000万元的财政补贴，而且是从2011—2013年分三年逐年拨付，每年3000万元，这个专用补贴只能勉强支付整个规划设计费用，也是"杯水车薪"。然而，"箭在弦上"不能不发。虽然管理处已和全国九家施工企业签订了BT建设合作协议，但如果在一年内不能获得资金来源，不能得到后续工程款支付，潘安湖项目这个"无米之炊"即使煮起来了，中途也会断火夹生，停滞不前，形成"半拉子"工程。资金出路在哪，从哪突破？成为管理处急于寻找的路径。这个重担压在了时任管理处副处长、区旅投企业总经理胡勋兴同志肩上。在经过一时期的调研和思考，让其有一个大胆的想法跃然而生，那就是把政府性的投资工程用市场化方式运作，以土地抵押融资进行突破。在国家没有出台PPP投资政策，徐州周边地区建设史上也没有尝试这种融资的方式。怎样去操作，怎样去还本付息，如何让土地保值升值等一切都是未知数，风险和压力巨大。思路决定出路，目标已定，只有前行。这一操作模式在得到区委、区政府认可后，区旅投企业开始了"背水一战"。贾汪区旅投企业是经徐州市人民政府批准刚刚成立不久，专项承担潘安湖开发建设的投融资平台企业。既无资产、又无资金，更没有实际融资经验。为了扭转这种被动发展的局面，迅速做出四项决定。一是搭建潘安湖"融、投、管"的三个平台。

即以区旅投企业作为整个潘安湖土地收储运作融资的平台，进行市场化融资。同时，为达到融资的财务要求，成立了"潘安湖建设发展有限企业"作为整个潘安湖建设项目的发包主体，充实资产和现金流。随后又成立了"潘安湖旅游发展有限企业"作为园区建成后运营管理的主体，也是旅投企业投资建成的园区设施和资产管理使用的责任主体，这样就形成了贷、投、管于一体的有效运行机制。二是争取政策支持。要运作土地就得拥有土地所有权和出让权，只有这样才能有资源有资产，进行银行信贷融资。在市、区两级政府全力支持下，旅投企业开始对潘安湖及潘安湖周边土地进行封闭运作。即先期将园区内建设用地按没建成的市价收储，然后用收蓄土地抵押给银行贷款，后期等园区建成后，利用土地的升值及出让土地的收益去偿还银行本息，实现自收，自储，自贷，自还，不给政府增添负担。这一运转模式对潘安湖融资工作起到了关键性的推进作用。三是调规划，挤出土地变成资源。潘安湖最大的资源就是采煤塌陷地和塌陷地周边已搬迁的村庄用地及废弃的工矿用地，但由于塌陷形成的多而散的地块，并且许多建设用地都因塌陷沉没在水里，形不成整体资源，也就是说拿不出像样的地块进行收储和出让。为解决这一问题，必须按照整体规划和采煤塌陷地复垦的要求对现状地块进行调整和整合，对水下用地和工矿用地进行置换调整，经土地规划部门批准同意，挤出用地指标，调整出园区建设用地3000余亩，为后期的融资运作提供了宝贵的土地资源。四是"借壳下蛋"艰难起步。为达到快速解决应急正常运行资金的问题，城投企业积极开拓思想，创新利用全区旅游产业项目地块进行整合包装成资产融资，并分别在农发行、建设银行、华夏银行贷款0.8亿、1.7亿、0.4亿元，解决了应急运营资金。开启了市场化融资运作的坚冰之旅。

在困境中打开局面。2012年，是潘安湖生态经济区建设发展的关键一年，能否保证湿地公园工程项目如期完工，实现开园迎客，成为当时管理处压倒一切的中心任务。更主要的是经过2011年一年建设，按照BT合作协议，当年度要支付工程款约3亿元，再加上开园运营的硬件设施采购资金近一个亿，资金缺口增大，压力更大。如果在年内不能如期融资到账，不仅无法支付工程款，无法保证工程建设的延续性施工，而且还会影响政府信誉，引发涉及民工讨薪上访的社会稳定问题。面对严峻的困难和挑战，果断采取了土地收储运作和项目贷款相结合的方式进行资金筹措。先期运作马庄砖厂118亩建设用地，获取资金5000万元；把潘安湖项目建设作为资源，科学包装，以《潘安湖水系保护及利用项目》、《潘安湖采煤塌陷地综合治理项目》分别向省农发行和市农发行申请项目贷款，获得了3亿元贷款。再加上当年的市重点工程补助资金3000万元，基本上保障了当年的工程款应急支付和开园运营的设施采购资金，融资工作在困境中取得了突破。

在运营中取得了经验和工作成效。2010年，旅投企业成立之初，便争取到第一笔农发行政策性贷款，欣喜之后便是"一波三折"。在5月份待审批阶段，国家金融政策发生了变化，原来的手续全部推倒重来。6月份报备后，9月份又有新的政策变化和要求，再次重新准备资料和报表，这两次变化，让旅投企业在焦虑等待和惊心的应变中饱受了煎熬，但也从另一个方面锻炼了队伍的应变和处置能力，对融资中的政策对接和政策预判以及把握，有了一个清晰的思路和运作思维。

2013年，随着潘安湖采煤塌陷地湿地公园的影响力不断增大，土地运作的机遇明显凸显，为科学运作土地，使土地价值最大化，采取"扩大收储规模，按市价逐步分批出让，提升土地价值"的三大措施，在有效利用土地价值的同时，着力提高融资比例，确保潘安湖后续建设资金源源跟上。一是加大对周边土地收储力度。对潘安湖周边的大吴砖厂、原振兴矿、马庄6号矿、马庄服装厂、唐庄地块等13宗约819.95亩的土地进行了成功收储，进一步扩大了融资的资源。二是在融资形式日益好转的环境下，保持清醒头脑，坚持有所为有所不为。根据用款轻重缓急逐步有计划分批出让土地，把岛屿土地，核心区接壤土地、核心区以外周边土地划分为三大类，根据性质不同确定出让地价，确保了土地增值。为今后的项目招商引资打下了坚实基础。如新盛企业投资的潘安古村项目建设及后期的恒大集团投资潘安湖生态小镇房地产项目建设等项目用地都是当时分批收蓄的地块。三是壮大企业融资规模，增大融资资本。2013年，由于国家政策银行农发行在2012年为潘安湖放款的项目贷款，起到了"一石激起千层浪"的效应，区内外各大国有银行及商业银行对潘安湖项目纷纷看好，合作的途径及渠道进一步打开。仅2013年上半年融资达到2亿元，其中农发行贷款1.2亿元，兴业银行贷款0.4亿元，华夏银行贷款0.3亿元。与此同时，随着旅投企业融资的资信度不断增高，融资方式也不断创新，开创了直接融资的模式，通过半年的账务整理，与长城证券合作，在2013年底由上交所成功批准了潘安湖2.94亿私募债的上市发行，成为当时全区第一家在国家政策性银行贷款和唯一通过私募债发行直接融资的融资平台。2011年至2013年，三年完成银行贷款融资4.8亿元，发行私募债融资2.94亿元，总计完成融资额7.74亿元，融资工作渐入佳境，转入正轨。在2013年6月份，旅投企业被江苏省林业局授予省级林业"龙头企业"。四是在全力做好融资工作同时，还加大项目政策性资金争取力度，深入研究上级各项扶持、引导政策，将潘安湖项目积极与国家生态修复、水利、"三农"及老工业基地振兴等政策对接，用足用活政策，用好用活政策，最大限度的争取各类资金政策的支持。分别争取到中央财政下拨三河三湖及松花江流域水污染防治奖励资金1238万元，争取国家林业贷款财政贴息资金300万元，争取省级旅游业发展专项引导资金300万元，争取市政现代服务业发展引导资金80万元，申请科技资金10万元。累计争取资金1928万元。

融资是有贷有还的工作，不仅要还本金，还要付利息。风险隐患巨大，需要决策前的科学论证，实施中的有急有缓。慢了跟不上资金需求，快了资金还本付息的压力增大。如何在矛盾中从容把握，既需要对国家大的金融政策及时把控，又要根据工程建设的实际与国家及银行政策对接，还要综合考虑融资的方式方法，其间额度大小、期限长短、利率高低都是一环紧扣一环，一环都不能出错，否则就会"崩盘"。所以在决策上既要大局上的战略观念，又要有战术上的细致考量，实属不易。

几年来，旅投企业以市场化运作启动项目，用土地运作实现融资，用建成项目扩大融资规模，再用建成园区后的土地升值收益逐步偿还融资债务，走出了一条"融得来、用得好、还得起"的新路子，形成了一套科学完整的融资工作机制。解决了政府性投资工程的债务包袱，为大项目的开发建设积累了宝贵的市场化运作经验，也为旅投企业在后续的融资和土地运作中打下了坚定的基础，成就了旅投企业后期的规模不断壮大及融资资信能力的不断提高，2016年旅投企业被评为2A级平台。

据统计，2014—2017年，旅投企业先后通过与市农发行的战略合作和发行企业债及城市地下管廊等大项目，先后收储价值42.02亿元土地38宗2602亩，累计获得融资批准授信金额达80亿元。同时，随着潘安湖采煤塌陷地湿地公园的影响力和知名度不断提高，特别是在2017年12月12日习近平总书记视察潘安湖后，潘安湖周边土地迅速升值，仅恒大集团潘安湖小镇1000亩土地出让，就获得土地出让金11亿元。按照当前300万/亩的市价估算，潘安湖周边现有剩余4000亩土地出让后，又可获得土地出让金120亿元，而整个潘安湖一期、二期建设总投入在31亿元。潘安湖生态经济区建设不仅改善了生态环境，也成为市场化运作土地解决政府性投资债务包袱的成功案例。

二、创新融资平台建设

实现潘安湖生态经济区又好又快的发展，创新融资平台建设是破解资金瓶颈的关键所在。

潘安湖风景区管理处在成立不足三年的时间，新组建的"三大企业"融资平台快速成长，融资能力迅速提升。都市旅游发展企业注册资本从5000万元增加至12亿元；建设发展企业注册资本从4000万元增加至2.3亿元；潘安湖旅游发展企业注册资本300万元增加至1000万元。融资实现大突破，完成各类融资9亿元。融资难在逆袭中实现跨越。

善于站在战略的高度来审视企业发展的方向。在新时期经济环境下，谋划"三大企业"融资平台建设，并实现快速成长。首要的是确立企业发展的方向，谋篇布局，让发展初期的平台企业看到自身的潜力和优势，才能跨出第一道坎，超越自我。特别是面对未来差异化宏观经济调控，企业更应该讲究经营战略和战术，让自己的优势与国家宏观政策相衔接一致，不能犯方向性错误。哪些政策支持，哪些不支持，银行会有所侧重，然后审时度势，顺势而为。三大企业在发展初期迅速选择增资，旨在扩大经营规模，扩宽业务，提高企业的资信程度而依法增加注册资本金。不断扩大企业注册资本，虽然增加了企业的资本风险，但同时提高了企业在行业中的法定资质，增强了融资平台实力，提高融资企业信用。资本规模直接反映的是资产实力和经营规模，增资由此成为显示和提高融资企业商业信用，并取得竞争优势的重要方式。增资后，三大平台企业提高了银行授信度，企业贷款额度也随之增加，实现融资发展的重大突破。

展示企业实力，提升融资能力。对于刚组建的三大平台企业，在现实发展中，受制于融资渠道的缺乏和融资能力的弱势。银行贷款是其外部融资的重要途径。平台企业必须满足各金融机构提出的融资条件，才能获得资金。而其中最关键的硬件条件，就是有担保足值的资产抵押或优质企业担保。所以，三大平台企业建立了互保互联担保体系，成为对外融资的重要担保方式。在三大平台企业内部形成互保互联循环，增加了互保互联的信用授信。在此基础上进一步扩大平台企业资产规模，分批收蓄土地资产，适时适量把企业所有新增投资转入企业资产，为企业担保提供充足的抵押物，增强其担保能力，使三大平台企业成为优质担保圈，提高信贷资产安全，解决了银行放贷的后顾之忧，帮助三大平台企业渡过了资金难关。

增加竞争力，获得贷款的优势。从经济大环境和行业的角度出发。企业所处的行业地位代表着市场竞争力，影响着企业是否能够获得更多的贷款金额。潘安湖是国家采煤塌陷地生态修复和环境再造的典范工程，建成后必将带动周边土地价值上升，整体社会效益具有很强的发展前景和未来。生存发展稳定，具有稳定的偿还能力。要精确判断这种融资潜能和优势，并加以培育和发展成为企业的核心竞争力，使企业面对融资机构提出的贷款条件时，更有对话强度和说服力，从而，能够赢得更多的贷款机会和金额。2012年国家政策银行农发行为潘安湖放款的项目就是看到了潘安湖发展的潜能和优势，此项贷款也起到很大的带动效应。

提高企业自身素质增强企业融资能力。解决企业融资难问题，从根本上说，还需要企业练好内功提升素质。银行贷款面临的重要是信用风险，潘安湖三家融资平台企业都是新建的企业，自身信用水平较低，缺少或缺乏不动产抵押物，相比于大型企业，还需要企业规范企业治理，增强自身素质，给融资机构树立良好外部形象。同时结合企业生命周期提高企业融资能力。潘安湖企业正处于发展期，经营收入少，利润水平低，不具备较强的还款能力，所以可以根据企业发展情况和自身特点小幅度范围内调整贷款额度，申请获得符合自身还款能力范围内的贷款。开园运营后企业处于成熟期的发展比较平稳，短期风险较小，此时企业扩大贷款申请额度，为企业争取更多的资金流入。除了银行贷款外还运用股权融资、项目融资、债权融资等机构融资，努力争取各种政策性资金支持和补贴，增强企业竞争力的同时，也提高企业还款能力。

构建信用强企业。企业要保持足够的自觉性，自律做到诚信经营，依法建账。严格按照国家会计制度规定进行会计核算，企业内部财务管理建章立制及时偿还银行贷款，维护企业自身守信的形象。同时根据不同项目，实行核算分账制，公益项目和效益项目分开核算，依据项目的总投资建设的内容，设立项目台账，准确反映项目资金的走向，管理好建设资金。建立完善的资金内部管控制度，严密的内部制衡制度。对合同的签订和合同款的支付实行联合会签制，有效的保证资金的使用安全和使用效益。积极主动邀请财政、审计部门参与会计核算，资金使用审计的日常监督管理，保证资金安全和有效使用。

第三节　区域经济发展与社会综合治理

一、农业结构调整势在必行

实现生态经济区建设和区域经济发展良好的互动，加快农业产业结构调整势在必行。

加快农业产业结构调整，形成了传统农业向高效农业、设施农业、观光农业发展。突出发展花卉、苗木、采摘园为主导产业，稳定发展优质粮食生产和畜禽养殖，促进区域农业向规模化发展、标准化生产、产业化经营、市场化运作。建成3000亩花卉苗木生产基地，1000亩乡村采摘园基地，2000亩优质高产粮食生产及农耕体验产业基地。养殖业达到100户，生猪年出栏20000头，家禽50000羽。为推进潘安湖生态经济区建设提供强有力的产业支撑。

把旅游业发展作为推进农业结构调整的新思路。形成具备自身特色的现代农业产业结构。在潘安村建成千亩以上农业产业观光园。注重游客参与性，增加采摘、中药材茶饮片加工、鲜切花加工等游客参与互动项目。观光园中开辟特色区域，以农副产品为主，包括豆腐磨制、药材茶饮品炒制、摊煎饼、酿酒等，让游客可以亲自去操作，进行农副产品加工，并可欣赏、品尝、购买，从中享受休闲乐趣。在马庄村建成一个集农业现代化生产、农业观光旅游等综合性多功能的观光采摘园。在种类和品种选择方面，既考虑"物以稀为贵""攻淡补缺"等市场竞争的原则，又考虑中小学生春游、"五一"、暑假、"十一"、春节等采摘服务。季节选择上既有草莓、樱桃等冬春采摘品种，又有玉米、桃、苹果、蔬菜等其他季节品种。技术上采用反季节栽培等措施，保证一年四季都可开展蔬菜水果采摘。生态养殖区在传统养殖基础上，发展特种观赏动物养殖，增加动物认养、娱乐环节。在瓦店村建设自选种植基地，向游客采取租赁的形式，以种植花草、蔬菜、果树及家庭园艺，让游客参与生产、管理、收获等活动，体验农业生产过程，享受耕作乐趣。以休闲体验为主，不以生产经营为方向，租用者利用节假日到农田作业，平时由园区工作人员代管，以旅游促经济发展。

科学规划农业主导产业。按照湿地总体规划，通盘考虑资源节约和主导产业发展形成自己的品牌效应。农业产业只有规模发展才具有最大的市场效应和效益。充分利用潘安湖湿地治理塌陷区土地复垦契机，加快土地流转，切实破解土地流转制约农业产业规模发展的问题。在实践中通过积极扶持农业龙头企业发展，引导企业围绕园区建设有序发展，延伸农业发展产业链，走出一条生态农业产业结构调整的新路子。

二、失地农民变市民机制探索

潘安湖生态经济区作为采煤塌陷地综合治理生态修复的先行示范区，是区域旅游观光经济，新兴产业发展的增长极，也是贾汪融入主城区的载体和前沿阵地。随着生态经济区规划实施，统筹解决辖区失地农民就业和安置，完善区域均衡，创新发展，才能化解失地农民变市民的机制壁垒。

失地农民变市民的现实基础。新型生态经济业态转变的推进，是潘安湖区域失地农民变市民的经济发展要求。随着湿地公园功能的逐步完善，规模扩大，原有单一农业耕作模式将向集中流转产出比高，市场销路好的设施农业、观光农业转型；传统工业随着生态经济区的发展向新兴服务业转变，对土地空间的集中需求，让区域内失地农民由农村散居到城区集中居住，融入城市，变成市民。城镇化的推进，是潘安湖区域失地农民变市民的宜居要求。随着潘安湖生态经济区规划新城的建设，中心商圈打造，业态调整，环境提升，以及潘安湖采煤塌陷地湿地公园经济辐射带动，区域内零散商业、村庄将加速到城镇集中居住，融入城市，变成市民。潘安湖区域农业人口占全域人口的70%，加快以工促农，以城带乡，全域统筹城乡一体化发展失地农民变市民，就成为潘安湖区域经济发展、城市发展和社会发展的必然选择。

失地农民变市民的路径。变农民身份对失地农民管理一元化，积极推进户籍、医疗、保障、教育等方面管理一元化，解决农民身份的资格市民化，充分体现利益上的政策均等；变生活方式，引导农民居住社区化，解决农民由庭院式散居变为社区式集中居住，改变其生活方式，提高其生活质量，逐步达到素质市民化；农民集中居住小区要有完善的公共服务配套的场地和设施，做到集中居住小区有社区办公室、党员活动室、文化书屋、警务室、卫生院、幼儿院等为提升失地农民的生活品质创造条件，促进融入城市。变社会待遇推进公共服务均等化，积极促进就业方式转变，实施就业促进行动，大力实施社保推进行动，促进社保水平提高，解决农民变市民中贫困家庭的后顾之忧，实现贫有所济。

失地农民变市民的举措。强化区域统筹发展，围绕生态经济区发展生态观光旅游服务业，推行农业产业发展模式，壮大村级经济规模。强化规划前置，完善安居配套。加快区域村庄搬迁工作，合理规划建设安置小区，重点抓好保障性住房建设。强化待遇均等，完善民生政策，完善区域各村社保、农保、医保、卫生等涉农保障台账，建立为民服务综合服务中心，形成区域民生保障体系。完成社区卫生服务中心建设和升级改造，积极创建示范卫生院和标准化卫生室。启动建设一批老年公寓和养老机构，加快实施农村敬老院"关爱工程"，构建多元化养老院服务设施格局。着力抓好农贸市场升级改造和为民办实工程，尽力解决群众反映的突出问题。

三、处理信访稳定需接地气

潘安湖正处于大建设大发展时期，信访稳定工作呈现出新特征和新问题。必须以发展保稳定，以稳定促发展。做好信访稳定关键是接地气，解决问题。

以解决问题为工作导向。必须关注群众的焦点问题，当前一个时期信访和稳定，主要反映在失地农民保障、有效劳动力安置、无效劳动力养老、征地拆迁补偿、村级经济遗留债务处理等五大重点问题。根子上是经济利益。村里有钱，集体积累好一些村，解决的好，问题少。实践说明，只要我们不与群众争利益，让利于民，放下架子，算清经济账，一些问题就可以迎刃而解。即使没有钱，一时解决不了，有话好好说，一些问题也不会产生闹访或越级上访，也避免了社会矛盾的发酵。因此要以机制到位，责任到位，政策到位，资金到位全力破解信访工作每道难题，妥善解决群众的合理诉求，确保区域实现无重大群访、无赴宁进京上访事件发生，实施信访"零登记"保持区域社会稳定和谐发展。

把群众利益无小事作为处理信访工作的总则。认真查找征地安置，人员就业养老，往年债务，村级事务遗留以及涉法问题等产生的信访症结，细致把握和分析矛盾发生的共性和个性，深入基层，了解情况，掌握第一手信息。

要学会与群众打交道，不要处处躲着群众。对于信访稳定来说，最理想状态就将问题消灭在萌芽状态。我们工作生活在群众中有矛盾是正常的，但有问题必须及时解决，再难的事都能解决。有问题不解决，认为信访问题是小事不算事，不当一回事，再小事可变成大事件。做群众工作要用心用情。不能思想上忽视，措施上头痛医头脚病医脚。对群众的问题，学会平心静气地协商解决问题。话是开心的钥匙，只要我们以理服人，以情感人矛盾问题都可以解决。中国人讲面子，村干部只要愿意倾听群众的关切，给足群众面子，大多数问题群众还是接受和理解的。对个别缠访，只要我们盯紧跟上，亲朋好友一起上，做好深入细访的思想工作就会极少发生进京上省事件。同时，重点人头，信访老户，焦点问题采取重点稳控。及时掌握信访新动向，抓好苗头处置和矛盾化解。确保将信访消化在萌芽状态，变被动信访到主动预防。认真排查不稳因素，和信访重点户，稳控重点人头，制定稳定方案，明确责任主体，细化管理做好防控工作。对久拖不能解决的信访问题集中处置，严禁跨年度信访的出现。

发展是解决信访稳定问题的有效手段。大力发展村级经济。有钱多为群众办实事，办好事，解决民生保障问题，群众就会拥护支持你工作。集体经济积累不好，不为群众着想，矛盾问题就会越来越多，信访稳定就成大问题。要注意引导群众发家致富，让群众的热情和心思都回到发展上，群众有钱富裕了就会少生事，人没有闲心就不会生是非。现在潘安湖建设日新月异，要让群众参与建设，分享建设成果，群众才有幸福感，家和万事兴就是这个道理。现阶段要围绕潘安湖项目建设，通过抓好村级产业结构调整，推进区域旅游服务业发展，实现农民增收致富，社会和谐稳定的局面。加快推进村级社区化管理，村民变市民、村级经济企业化运作等机制创新，研究制定区域三产服务业发展规划，落实为民办实事工程，完善村级公益基础设施建设，用发展的成果改善和惠及民生，消化矛盾，促进区域和谐稳定。

四、管好用好村级资产

潘安湖周边区域正处于大建设大发展的关键时期。村级资产管理的问题，不仅仅是一个事关集体经济发展，农民生活水平提高的问题，还是一个事关社会稳定的政治问题。强化村级资产管理是解决这一问题的根本出路。

要纠偏思想。村级资产管理存在问题的关键，在于村干部资产管理的意识淡薄，制度执行不到位。随着潘安湖周边区域建设步伐的加快，村级资产不断丰厚，资产往来多元化，资产利用多样化，可部分村干部思想认识出现偏差，心里失衡，打起擦边球，执行制度意识不强；或不作为乱作为，对资产管理放任自流等；要在强化培训的同时，要不断提高政策法规性，党风廉正建设思想教育，进一步提升资产管理业务水平和综合素质。

完善制度体系，规范村级资产管理。要严格执行管理处《关于加强村级财务管理的意见》，建立村级会计委托代理制度。集体固定资产要严格按资产类别建立固定资产台账，资产增减和抵押担保必须报请核批，代理中心和村共同对资产变动情况进行记载登记；集体资产实行承包、租赁、出让均应报批后按程序公开招标，收益资金一律交代理中心专户管理。新建桥梁、公厕、停车场、巷道、村公益设施等项目必须纳入集体资产管理账务公开、规范化管理。

强化合力监管。不定期开展村级资产管理的工作检查，全面及时掌握村级资产管理制度的落实。加强各部门联合指导、监管，形成监管合力，推进资产管理权力阳光运行。

五、集中整治村庄环境

建设全国最美乡村湿地，应以全面提升潘安湖风景区周边环境质量为目标。整治生活垃圾、生活污水、乱堆乱放、工业污染源、农业废弃物及疏浚河道沟塘；提升公共设施配套水平、绿化美化水平、饮用水源安全保障水平、道路通达水平、建筑风貌特色化水平和村庄环境管理水平。从最薄弱的环节入手，从最关键的问题突破，从群众最关注的地方抓起，以点治理带动综合整治，以突出整治提高长效管理，形成环境优美，生态宜居，特色鲜明的乡村风貌。

集中整治主要以治脏、治乱、治差为主要内容。整治生活垃圾，建立完善"组保洁、村收集、处转运"的生活垃圾收运处置体系。加快村庄及湿地公园园区日常保洁和垃圾清运制度建设。集中清理积存垃圾，配置必备的环卫设备设施，实现村庄、公园保洁常态化。整治生活污水，突出潘安湖、屯头河、瓦店西大沟、潘安新村南支渠等重点区域，优先推进生活污水治理，加快无害化卫生户厕改造步伐，完善村庄排水体系，实现雨污分流，根据村庄公共设施布局配建水冲式公共厕所，基本完成无害化卫生户厕改造。整治乱堆乱放，全面清理乱堆乱放、乱贴乱画，整治露天粪坑，畜禽散养，拆除严重影响村容村貌的违章建筑物、构筑物及其他设施。做到宅院物料有序堆放,房前屋后整齐干净,无残垣断壁。电力,电信,有线电视等线路以架空方式为主,杆线排列有序。整治工业污染源、农业废弃物。严格执行环境影响评价及环保"三同时"制度,开展对产能落后,环境污染企业整治力度。推进秸秆工业原料化、能源化、饲料化等多形式综合利用。推进生态健康养殖,限期治理或关闭不符合养殖条件,造成环境污染的养殖场。

▲ 工作人员指导村体改造工作

整治疏浚河道沟塘,实现村庄河道沟塘疏浚整治和养护管理经常化、制度化。

优化提升注重特色,科学规划,实现生态宜居。提升公共设施配套水平,推进村庄公共活动场地,邻里休闲场地和健身运动场的建设以及综合服务中心建设。优化配置教育、卫生等公共资源,强化便民服务、科技服务、医疗服务、就业创业服务、文体活动、群众议事等功能,基本满足村民需要的公共服务体系。提升绿化美化水平。大力推进村旁、宅旁、水旁、路旁以及村口、庭院、公共活动空间等绿化美化。使村庄绿化覆盖率达40%。提升饮用水安全保障水平,加快实施农村饮水安全工程建设,实施区域管网集中供水,开展水源地整治,有效改善水源地水质。提升道路通达水平,合理确定村庄内部道路密度、等级和宽度,主要道路实现硬质化,并合理配套照明设施,村庄道路通达率达100%。提升建筑风貌特色水平,严格规划管理,推进农村危房改造。提升村庄环境管理水平,建章立制,固化管护队伍以及村民参与的监督制度,使村庄环境管理逐步走上规范化、制度化、长效化轨道,确保环境整治有成效、不反弹。优化完善村庄规划,综合考虑潘安湖生态经济区建设进程和农业现代化,乡村特色保护等因素,科学确定村庄布点,注重保护村庄地形地貌,传统肌理,营造优美环境和鲜明特色。

六、坚决打赢控违拆违攻坚战

随着生态经济区建设的推进,区域内违建房、抢建房呈现多发和高发的态势,控违拆违形势十分严峻。把坚决遏制和拆除违建作为当前压倒一切的工作任务,全面清除违建房,是有效遏制违建势头强有力的工作措施。

各村党政主要负责人是第一责任人,要切实履行守土有责的责任。严格按年初签订的年度村镇规划建设管理目标责任书的要求,书记主任按时交纳抵押金,年末按比例返还奖励。凡年度内发生3起以上,村级不能清除的各类违建或市区下达督查通报,造成严重社会影响和经济损失的,扣除风险抵押金,并实行年终综合考察一票否决。村书记降为副书记主持工作;村主任依据有关规定降级降职处理,是党员的给予党内警告处分。对于因未能按照标准和要求及时妥善处理,造成重大影响或重大损失的,将移交有关部门依法依规查处。加强控违过程考核。在值班控违期间,控违工作未做到三个严禁:正在施工的违建行为，未及时制止的；进入村组建筑材料、施工机械未能及时拦截的；进入村组的施工人员现场未能及时制止的，列入督查记录，发生三起停发三个月工资，发生五起停发半年工资。对因控违不力造成大面积抢建无任何措施予以制止、拆除的，将视情节降职、免职处理。加强新增违建考核。所在村新增一例给予诫勉谈话；新增三例给予通报批评，停职检查；新增五例以上视情节严重给予停职或降职、免职处理。加强拆除工作考核，依法组织强行拆除违建房，在十日内完成包挂拆除户，否则作免职处理。凡村党政主要负责人有直系亲属存在违建现象，必须自行无条件拆除，否则作免职处理。

村两委成员及村组干部应率先垂范做好控违拆违工作。严格执行年度考核目标要求，各村民小组组长负责的本村组每发生一起未批先建违章建筑物应直接予以开除，村分管同志按有关程序免去村相应职务，是党员的人员给予党内严重警告处分。村组干部本人或直系亲属存在的违建现象，必须自行无条件拆除，否则就地免职。村组干部在控违工作值班时，未做到"三个严禁"，发生三起将停发一个月工资；五起以上的停发三个月工资；未有任何措施及时整改的将就地免职。

办事处班子成员要切实做好包挂工作。要负责包挂违建户拆除不低于1户，严禁新增违建户，逾期没有完成任务或包挂村出现五起以上违建户给予停职处理，班子成员有直系亲属参与违建的，必须无条件拆除，否则先停职处理。机关中层干部及工作人员要履职尽责。有直系亲属参与违建的，必须无条件查处，否则先停职处理；非直系亲属参与违建的，要做好工作拆除，否则，诫勉谈话并停发一个月工资。对机关参与控违值班人员，应无条件服从安排，值班当日以控违为主，业务工作与原部室脱钩；所有人员非特殊情况不得请假，对玩忽职守的工作人员情节严重的，属区下派人员建议返回原单位，属于办事处人员就地免职或清退。

控违拆违工作实行责任追究与适当奖励相结合，对在控违拆违工作中表现突出的单位和个人，将采取物质奖励和精神鼓励的方式予以表彰。形成强大的推力，让拆违控违的每一项工作落在实处，坚决打赢控违拆违攻坚战。

第九章
一树百获开新章

　　自2010年初提出建设潘安湖生态经济区构想，启动建设"三大工程"：2010年2月26日启动潘安湖采煤塌陷地综合整治工程。主要实施塌陷地复垦治理，基本农田再造。通过对受损土地修复，相应桥涵、闸站、渠等的科学规划精心施工，将低产田甚至是绝产田，整治成高效农业示范区；整治后耕地成为"田成方，林成网，路相通，沟相连"的高效农业区。2011年3月16日开工建设潘安湖生态湿地景观绿化工程。也是潘安湖生态经济区建设启动工程。主要是开湖造景、培育湿地、生态修复、景观园林绿化、基础设施建设，打造与湿地互补的自然生态的民俗主题村落和农家乐，发展集吃、住、玩、出行旅游于一体的湿地观光、休闲旅游的生态湿地公园，2012年9月29日开园迎客。2013年6月开工建设二期生态湿地景观绿化工程，2014年10月竣工。按照"一年初具雏形，两年开园运行，三年达到国家级3A园区建设标准，五年达到国家级4A园区，十年达到50km^{2}生态经济建成区"目标要求，确立了"学习西溪超溱湖，打造全国采煤塌陷地生态修复先行示范区，建设中国最美乡村湿地"的立园思想。建成集湖泊湿地观光、休闲健身、科教文化、总部经济、古村旅游、高档住宅、乡村农家乐以及养生养老为一体的特色生态经济区。

第一节　生态修复与景观再造效益

　　潘安湖采煤塌陷地综合整治和有效开发与建设，既打造了全国采煤塌陷地治理的里程碑式项目，又提供了资源枯竭型城市生态环境再造的典范，发挥出最大经济效益、社会效益和生态效益。

一、增加了高效农田

　　作为潘安采煤塌陷区，由于地层不稳，低洼地多，常年积水，形成了众多的分布不均的土地沼泽地，农作物产量很低，一些土地绝产绝收。实施土地综合整治后，复垦标准农田面积666hm^2，新增耕地面积33hm^2，从当地资源条件出发，发展设施农业和种植业。实行了生态农业与农业产业化相结合的特色农业，生产品种更多，产量更大，质量更优。其中水稻每公顷产量增加850kg；小麦每公顷产量增加900kg，年增加粮食产量759.14万kg，区域内农民年均纯收入增加287.5元。

二、提升了土地价值

　　整治后项目区，通过开湖造景，利用开挖出来的水面建设湿地景观15.98km^2，形成了集湖泊湿地观光、休闲旅游、乡村农家乐为一体的湿地公园，是科教文化，生活娱乐等各个共存的综合区域。按徐州市目前城乡建设用地价格300万元/hm^2框算,效益达到47.9亿元。

增加了建设用地供应。通过对采煤塌陷区综合整治,置换出建设用地333 hm^2,规划建设总部经济、高端住宅、科教文化、养老养生基地等。目前该区域的商业开发用地出让价每亩价格已超过300万元,新增建设用地平均按100万/亩价格出让,经济效益在50亿元以上。

旅游业收益好。潘安湖湿地景观通过多种岛屿组合,形成了层次丰富,空间景观丰富,植被环境丰富的水系空间系列,为潘安湖景观的多元性和丰富性,历史文化内容提供了丰富的水系空间载体。公园于2012年9月正式开园,年接待游客150多万人次,给本地居民带来了多层次、多方面的就业机会,原来大多以煤为生或单纯靠耕种吃饭的附近村民,现在依靠国家湿地公园旅游发展多种经营,如民宿、餐饮等,实现就业人数超过1万人。同时,园区的运营带动周边商业、种植业、休闲观光农业的发展,年收入突破2亿元。

促进了周边土地增值。潘安湖采煤塌陷地整治坚持生态效益、社会效益、经济效益的有机统一,既要绿水青山,也要金山银山。通过土地整理,将昔日伤痕累累的荒凉破败的塌陷地建成"湖美、景靓、田丰"的特色景观区,拓展了生产、生活和生态空间。有效带动乡村产业结构调整,拉动了休闲旅游业服务业等新兴产业蓬勃兴起,成为吸引投资项目聚集发展要素的优良平台,使曾经的"废地"变为"宝地","包袱"变为独有的发展资源,有力促进了周边土地的增值。推动了徐贾经济走廊建设,并成为贾汪融入徐州主城区的前沿阵地。目前,潘安湖生态经济区已引进江苏师范大学科文学院、徐州幼儿师范学校等一批商校的高等级商业综合体的进驻。恒大集团、融创集团等知名地产企业着力打造集旅游、养老、居住等为一体的新兴城镇化生态居住区,包括科技园建设吸引大量的人才在这里孵化、创新、创业。促进了塌陷区整治、产业振兴和城镇化建设三位一体,未来的发展不可估量!

三、园区运营效益好

潘安湖采煤塌陷地湿地公园园区2012年9月29日开门迎客,自2013年3月开始核算至10月份,仅用8个月的时间,实现营业收入680万元,运营费用648万元(不含酒店收入及费用),综合盈利32万元,两个效益显著提升。

经营上实行企业化运作模式。由潘安湖旅游发展有限企业对园区自主经营,自负盈亏。潘安湖旅游发展有限企业为园区建设初期由潘安湖管理处投资注册的全资国有企业,专业负责园区运营的企业,内设"运营管理中心、游客服务中心、物业管理中心、资产管理中心、营销策划中心及综合服务办公室"。有员工291人,其中运营一线员工108人(不含酒店服务接待等人员),主要运营设施包括电瓶观光车35辆、游船23艘、摇橹船6艘、观光自行车60辆。通过一年多专业培训和几个月的运营实践,运营队伍更加精炼,车队、船队、客服、园区管理按岗位流程操作,运营高效。

在管理方式上实行分级承包经营,层层签订承包合同。旅游企业与运营承包人员签订总承包合同,在保障员工基本工资、交纳经营风险保证金的前提下,多收多奖。总成包人与车、船队,物管中心等主要收入项目负责人签订分包责任合同,规定上缴最低额度。在员工收入分配上,一线员工按基本工资加效益平均月工资达到3000元,后勤管理人员按职务拿工资,月工资平均2800元。

在服务标准上严格按照国家4A级园区标准化管理。完善了质量监督、服务投诉、咨询讲解、救生救助、团队接待、公务接待等各项服务流程，园区运营的服务水平不断提高。开园以来未发生一起游客投诉和安全责任事故。同时，以"四牌"同创为抓手，全面提升园区功能条件和服务软件。完成创建国家水利风景名胜区；国家湿地公园创建评审；国家4A级风园区创建验收；江苏省旅游度假区创建，全方位提高园区旅游服务水平。

园区运营持续向好的方向发展。按一年运营效果测算，全年运营支出主要包括人员工资、水电费、安保及保洁费、办公经费、营销策划费、运营设施折旧费等六大支出项目，费用约为1000万元。运营收入来源主要为观光车、游船、自行车、停车场及功能性酒店服务设施和房屋租赁收入等五大项约1100万元。按年综合收入及支出差盈利可在100万元以上。

随着园区建设的推进，功能的完善，服务的提升，尤其是湿地酒店、会务中心、快捷宾馆等几大功能设施和服务业态的陆续投入运营，将形成不同档次、功能齐全的综合性接待能力，对游客量可形成拉动，促进旅游团队、商务团队迅速增加。预计年度游客量将增加50%以上，游客二次消费潜力也将持续增加。如果按照年接待40万人为基数，每人平均最低消费20元计算，年增加收入为800万元。潘安古村、假日酒店、会务中心等，年可增加营业额2000万元以上，按现行税率5%计算，可增加税收100万元以上。考量园区的盈亏基本上从三个方面评估，门票收入、园区二次消费至N次消费、人气和知名度。从潘安湖园区品牌不断提升和湿地生态保护发展的趋势看，整个园区实现正常化运营后，包括园区绿化、设施养护等费用支出可以实现收支平衡并逐步向好的方向持续发展，园区发展将成为区域经济新动力。

第二节　实现区域经济发展

潘安湖生态经济区建设为区域经济发展，提供了历史性机遇。如何发展区域经济，面对长期依赖煤炭资源生存，产业单一的区域经济现状，一些人认为无路可行而选择放弃；普遍存在"等靠要"的思想无所作为；个别村守着空架子，像青蛙坐以待毙在温水里失去了跳跃的能力和生存能力。所以围绕潘安湖生态经济区建设发展既是现实发展的需要，也是科学发展的必然要求。

一、提升产业转型能力

发展区域经济应紧紧抓住潘安湖生态经济区建设的机遇。潘安湖区域发展必须走出一条与园区生态功能相适应的产业发展路子，现有工业企业多以煤炭开采及围绕煤炭产业发展的机械、建材、化工等初级加工企业。产业结构单一，矿井关闭后多数职工处于待业、下岗状态，给产业发展带来了障碍，必须逐步淘汰或产业升级，充分利用自身的区域优势，按照因地制宜，因村施策的原则鼓励走差异化的区域经济发展的路子。在发展区位好的村，走资源经营之路。整合现有农贸市场、闲置水泥厂、小钢厂、养殖场等资产，实施招商引资，安排建设项目，开展经营服务类三产业发展，由此带动周边旅游服务业发展。在规划预备地有计划开发建设失地农民安置房集中住宅开发，兴建大型市场、超市、精品店，使集体资源发挥更大效益，实现矿区绿色发展。

增强危机意识，提升产业转型能力。潘安湖生态经济区发展必将推动产业的升级和改造，传统产业不转型，只有死路一条，着力解决产业升级，是当务之急。以点带面发展。以"三大"产业基地建设为点，带动产区发展。建设潘安村苗木科技园、马庄村文化产业基地、西段村乡村健身休闲基地，并以此为平台，带动周边产业升级，加快潘安湖村、马庄村两个特色采摘园、观光园建设。鼓动发展农家乐小院，培植80个个体经营服务户。建立一个大型失地农民创业基地。设立廉租市场多渠道引导失地农民创业增收，促进三产业齐头并进增长。同时突出发展的重点，在项目投资、新增工商个体和私营服务业发展上有突破，更加注意政策资金引导，在资金上倾斜和扶持。实现了园区建设带动区域经济发展，区域商业网点迅猛发展，新增各类店铺50余家；旅游服务业发展成效大，湿地公园车船工、酒店、服务员300人以上。区域内100余家大小商铺节日生意火爆，日接待游客2万人以上，仅国庆节7天潘安湖区域社会商品营业额超亿元。每天园区内实施养护管理失地农民1500人以上，日产劳务收入9万元以上。实现集体资产存量盘活率达到90%以上，传统产业转型率达50%以上，新兴产业及市场服务业增加率达到50%以上。

加快实施"一村一品"发展特色种植业。马庄村调整土地41 hm^{2}用于马庄村农家乐采摘园建设，建成温室大棚100个，火龙果、木瓜、西红柿种植60棚。潘安村调整出160 hm^{2}用于高效农业产业园，生态休闲观光和苗木生产基地建设完成投资额6500万元，种植花卉110 hm^2，苗木1.5万棵。瓦店村新增高效观光农业生产示范田33 hm^2。段庄村完成园区建设范围的村庄搬迁任务后，加快实施以旅游业为载体的旅游经济产业经营，包括旅游服务人员输送、旅游产品包装等。马庄村在农家乐的基础上，充分发挥马庄民俗文化的优势，大打文化产业牌，全力做好民俗文化旅游、农家乐的发展和区域"三产"服务业的提高，形成"一村一品一特色"的区域旅游服务业经济发展新结构。

发展区域经济根子在干部。选优配强村级领导班子，培育一批富有战斗力和开拓创新精神，带头人是关键。强化村书记是区域经济发展的第一责任人。把"实干就是能力，落实就是水平"的思想贯彻到发展区域效益目标的任务上。每个村的村书记对其负责的区域经济工作，列出工作清单、时间节点、完成序时、每月一报、季度通报、督查督办、重赏重罚。进一步增强责任意识，提升主动创新发展的能力。开园迎客以来的潘安湖，面临的矛盾和挑战也更加尖锐和复杂，爬坡过坎的难度一点也没有变小，广大干部群众坚持正确的发展方向，奋发有为、时不待我的精神风貌，敢于啃硬骨头，敢于涉险滩，创新发展新路径，形成强大的发展动力，实现园区可持续健康快速发展。

二、马庄村华丽转身

与潘安湖毗邻的马庄村，村内600余户2300多名村民，原来大多以煤为生。但随着煤炭资源的枯竭，马庄经济一落千丈。

2010年潘安湖湿地景观项目建设以来，园区投入5000余万元先后对马庄村村体进行改造和各种管网等基础设施建设，并在马庄村村委会门前建起了湿地民俗文化广场和农家乐。充分利用马庄村基础条件和地形，疏浚了原有河道，重新规划设计了村庄并合理有序地建设中心桥、24节气柱广场、神农氏广场以及廊架、汀步等人文景观小品。以广场、节气柱、神农氏为主体骨架，运用植物、地被、景石等自然要素对景观进行衬托，使马庄村环境更具有民俗文化的亲和力，更具有可持续民俗文化旅游业发展的潜力，形成潘安湖园区内一道靓丽的风景线。现在，马庄村居民依靠国家级湿地公园大力发展乡村民俗旅游业，开展多种经营，实现了向餐饮、服务、绿化养护等服务行业的转变。如今的马庄村已由当年的重点煤矿区,蜕变为潘安湖风景区四大板块之一的民俗文化体验板块。"不挖煤了,咱换个活法"成了马庄村农民"最大心声"。马庄村香包手工制作被确定为国家级非物质文化遗产,中药香包已成为区域重要的旅游产品,年销售额2000余万元,带动当地100余名妇女实现创业就业,逐渐走上了致富奔小康之路。原本只是挖煤闲暇时的"副业",如今却成为全域旅游新时代的"主业",马庄农民乐团参加中央电视台节目,还应邀远赴欧洲演出。目前马庄农民乐团固定资产超500万元,在全国演出超过8000场次。马庄村的蝶变实现了乡村振兴,也是潘安湖区域经济转型发展的缩影。

▲ 首届徐州·台湾新北市基层发展交流会在马庄举办

开发建设潘安湖生态经济区,开创了采煤塌陷地综合治理和园区开发建设的典范。潘安湖采煤塌陷区,治理难题多,单位投资强。无论是采煤塌陷地复垦还是生态环境修复,任何一项独立土地开发整理的科目都无法完成治理。尤其是随着国家对采煤塌陷地的治理力度和投入强度逐年加大,容易治理的采煤塌陷地区治理殆尽。实施潘安湖采煤塌陷区综合治理,突破了土地整理科目之间的限制,确立"综合整治"门类,集"基本农田整理、采煤塌陷地复垦、生态环境修复、湿地景观开发"四位一体,实现经济效益、社会效益和生态效益的共赢,对于徐州乃至全国采煤塌陷地复垦起到里程碑式作用。

开发建设潘安湖生态经济区,有效拓展了徐州生态空间。徐州在建设淮海区中心城市进程中,需要进一步优化生态建设布局,构筑生态安全屏障,打造生态廊道。随着徐州新型工业化和城市化的转型步伐加快,生态发展空间将不断延伸,潘安湖是目前徐州7个湖中的3个最具魅力,达到良好生态条件的湖之一,河道相通、水系较长,通过生态环境修复和再造,适宜于搞湿地公园和生态经济区建设。随着徐州高铁时代的到来,徐贾快速通道连接着的潘安湖生态经济区,有效拓展了徐州城市生态发展空间,成为徐州重要的生态屏障和"城市之肾",形成"北有潘安湖,南有云龙湖"的生态格局。使徐州城市能级品质高了,首位度提升了。